向上借势

余檀 著

苏州新闻出版集团
古吴轩出版社

图书在版编目（CIP）数据

向上借势 / 余檀著. -- 苏州：古吴轩出版社，
2024.3

ISBN 978-7-5546-2301-5

Ⅰ．①向… Ⅱ．①余… Ⅲ．①成功心理－通俗读物
Ⅳ．①B848.4-49

中国国家版本馆CIP数据核字（2024）第018420号

责任编辑：顾　熙
见习编辑：张　君
策　　划：杨莹莹　闫　静
装帧设计：暗月翔

书　　名：向上借势
著　　者：余　檀
出版发行：苏州新闻出版集团
　　　　　古吴轩出版社
　　　　　地址：苏州市八达街118号苏州新闻大厦30F
　　　　　电话：0512-65233679　　邮编：215123
出 版 人：王乐飞
印　　刷：天宇万达印刷有限公司
开　　本：670mm×950mm　　1/16
印　　张：14
字　　数：119千字
版　　次：2024年3月第1版
印　　次：2024年3月第1次印刷
书　　号：ISBN 978-7-5546-2301-5
定　　价：56.00元

如有印装质量问题，请与印刷厂联系。0318-5695320

北宋史学家薛居正在其著作《势胜学》中说："不知势，无以为人也。"

那么，什么是势呢？

孙武在《孙子兵法·势篇》中说："激水之疾，至于漂石者，势也。"意思是：湍急的流水急速奔泻，其力可以冲走巨石，这便是势。由此可知，势的本质是一种能量，具有一发不可遏的发展态势。

老子在《道德经》第五十一章说："道生之，德畜之，物形之，势成之。"意思是，"道"是万物之母，万物由道而生，由德所养，万物之所以呈现出各种各样的形态，是因为有一种"势"的力量在起作用。可见，在道家哲学体系中，势被认为是万物发展的动力，是万物成熟的关键。

荀子在《荀子·天论》说："天行有常，不为尧存，不为桀亡。"意思是：自然之势有其自身规律，这个规律不因尧、舜的圣明或者夏桀的暴虐而改变。

换而言之，世间万物皆有势。日月星辰有势，山河湖海有势，这种势令日升月落、斗转星移，也令大河奔腾、海浪翻滚。国家民族有势，千行百业有势，这种势把个体团结在一起，并形成集体意识，向着某个方向前进，国家得以繁荣，民族得以强大。

势有高下之分、强弱之别。位高者势强，位低者势弱。位高者如"转圆石于千仞之山"，位低者如"行舟于逆水"。

权力可以带来势，即是权势。《韩非子·八经》中说："君执柄以处势，故令行禁止。柄者，杀生之制也；势者，胜众之资也。"

这里说的便是权力带来的势，君主掌握了权力才有威势，有威势就可以做到令行禁止。势也可以是一种趋势。力量是有方向的，力量的方向就是趋势。趋势是无形的，但可以呈现有形之势。势如破竹是一种趋势，民心所向也是一种趋势。在趋势面前，个人的力量无足轻重，个人的命运也微不足道。

个人的势是气势，来自个人的底气。权力、财富、知识、背景、朋友等，都是构成个人底气的重要基础。底气足的人，其气势自然也足。所以居高位者不怒自威，心虚者往往张牙舞爪。

事实上，势与我们的生存、生活息息相关，我们却"日用而不知"。书法有九势；上位者要造势、用势、驭势，下位者要度势、借势、附势；有势之人担心失势，无势之人盼望得势。

由此可知，势是普遍存在且对我们的生活有巨大影响的。因为它太重要了，所以薛居正才说"不知势，无以为人也"。在薛居正看来，不知势的利害，是很难安身立命的。

本书将和读者一起重新认识势、理解势，进而学会借势、用势，让人生的步伐向高处迈进。

人生如棋局，识局者生，破局者存，掌局者赢。看不清事态的形势，便会失去为人处世的根基。唯有在生活中学会审时度势，看清形势，才能顺势而上，在多变的生活中牢牢掌握方向。

希望读者能从本书中洞察势的奥秘，并掌握势的力量，为自己的人生助力，以势取胜。愿你我都可以在人生的棋盘上，落子无悔。

1

第一章

人人都在时势内，
豪杰借势成事业

向上借势，是成功人士的必经之道

人之所以为人，兽之所以为兽，是因为人有人性，兽有兽性。那么，什么是人性呢？

中国的先哲们很早就开始探索人性的真相。

孟子认为人性本善。《孟子·公孙丑上》中写道：人有四端，即"恻隐之心、羞恶之心、辞让之心、是非之心"。这四端是产生"仁、义、礼、智"四种美德的根源。

荀子则提出了相反的看法，他认为人性本恶，只是善于伪装罢了。他在《荀子·性恶》中说："今人之性，饥而欲饱，寒而欲暖，劳而欲休，此人之情性也。"

韩非子否定了孟子的"人性本善"，在他恩师荀子的"人性本恶"观点的基础上进行升华，提出了"人性本利"论。《韩非子·难二》中说："好利恶害，夫人之所有也……喜利畏罪，人莫不然。"意思是，趋利避害是每个人的本性。

墨子也认为人的一切活动都是为了趋利避害。《墨子·经上》中对"利"与"害"下了定义："利，得是而喜，则是利也。其害也，非是也。害，得是而恶，则是害也。其利也，非是也。"

与《圣经》和《资本论》并列的《君主论》，几乎是西方历代统治者的案头书。关于人性，它是这样写的："关于人类，一般可以这样说：他们是忘恩负义、容易变心的，是伪装者、冒牌货，是逃避危难、追逐利益的。当你对他们有好处的时候，他们是整个儿属于你的。"

这与韩非子、墨子的人性趋利的观点是一致的。

明代思想家吕坤在《呻吟语·应务》中说："势者，成事之借也。登高而招，顺风而呼，不劳不费，而其功易就。"

因此，趋利避害是人的天性，而借势是最好的办法。历史中凭借借势取得成功的例子有许多，明代军事家戚继光就是一位擅长借势的智者。

戚继光：封侯非我意，但愿海波平

戚继光，字元敬，于嘉靖七年（1528）出生于山东济宁，出身将门世家。他的六世祖戚详追随朱元璋起义，在攻取云南的战斗中不幸战死。朱元璋称帝后，念其功劳，授其子戚斌为明威将军，世袭登州卫指挥佥事。此后数代，戚家人始终勤勉任事、忠于职守，形成了"忠孝仁勇"的家风。

戚继光的父亲戚景通清廉自律，性情坚贞，富有军事才能。他袭职后，多次立有战功，曾被提升为都指挥等官职，后因功被召入京师，任神机营坐营官。

嘉靖十九年（1540），戚景通告老还乡。戚景通五十多岁时，戚继光才出生。戚景通希望戚继光长大后能继承祖业，光耀门楣，成为国家栋梁。

戚继光十七岁那年，戚景通已重病在床，他预感自己时日无多，遂让戚继光进京袭职。戚继光临行时，他拉着戚继光的手谆谆告诫："吾遗若者，毋轻用之。"

戚继光答："儿当求增，何敢轻用。"

戚继光袭职回来时，戚景通已经去世，但他的遗训却永远刻在了戚继光的心中。戚继光立誓要保家卫国，发扬戚家家风，不辱没先人教诲。

元朝末年，日本适逢南北朝时期，各地封建割据势力为掠夺财富对抗幕府，纠集浪人、士兵组成武装团伙，入侵中国东南沿海一带，时人称之为"倭寇"。

据《明史》记载，明朝建立后，方国珍、张士诚残部在兵败后逃亡海上，同倭寇相互勾结，在东南沿海一带滋扰百姓、掳掠财富，"诸豪亡命，往往纠岛人入寇山东滨海州县"。

倭寇问题贯穿了大明王朝的始终，但因海禁政策、政治腐败、军备废弛等因素，倭寇在嘉靖时期最为猖獗，成为极严重的边患问题，严重威胁到了沿海地区的经济发展和社会安定。

国家危难之际，也是呼唤英雄之时，胸怀报国志向的戚继光挺身而出，勇于担当，在动荡的时代一展所长，保国护民。

他在诗作《韬钤深处》中说道："封侯非我意，但愿海波平。"这正是他一生的生动写照。

倭寇严重，他便募兵、练兵，驱寇于东南沿海。北方危机，他便策马北上，练兵筑城，积极防御，保得边塞宴然，百姓安居。

戚继光为国征战四十余载，南战北守、外杀内和，为明朝沿海抗倭战争和北方戍边斗争做出了巨大贡献，为国家和民族立下了不朽的功勋。

但鲜为人知的是，他能有此功绩，离不开一个人的保驾护航。

隆庆二年（1568），戚继光被调往北方蓟镇，由抗倭改为御房。在九边重镇中，蓟镇属于边镇中的"内镇"，为大明京师门户，肩负着保护京师的重任，然而蓟镇军队涣散，战斗力低下，城墙也年久失修，防御能力薄弱。

北调蓟镇后，戚继光针对这些问题积极提出防御方针，上疏请求修整边墙，修建三千座空心敌台。让他没想到的是，这一措施在朝中引起了非议。

彼时正值徐阶、李春芳当国，二人执政偏于保守，而戚继光的御房方略带着较强的变革性，所以得不到二人的支持。

此时，张居正已入阁为大学士，面对朝中巨大的阻力，他坚定地支持了戚继光，费尽口舌地解释修筑敌台的好处。

经过张居正的反复劝说，明穆宗最终也表示了支持，并声称"如有造言阻挠者，奏闻重治"。

在张居正的支持下，戚继光于隆庆三年（1569）就筑成敌台四百七十二座，且规制宏伟、造作精坚。经过几年紧张而又艰苦的施工，形成了"十四路楼堞相望，两千里声势相援"的防御体系。

万历元年（1573），张居正代为首辅，掌握了内阁票拟的权力，此后他开始不动声色地支持戚继光。

万历元年二月，戚继光再次上疏请求增修空心敌台，很快就得到了支持。"这增建敌台，依拟。著解发银两，并力修筑。务要坚固如法，足堪守御。"这与他在隆庆年间请求修建空心敌台时，满朝文武大臣非议的情况形成了鲜明的对比。

张居正当国十年，朝堂上已鲜少再出现反对戚继光的声音。在张居正的全力支持下，戚继光才得以放开手脚，在蓟镇前线施展才能，实施"练边军、修边墙、筑敌台、建车营"等各项边防主张。

他组织边军将城墙增高加厚，同时修筑了数千座敌台，平时用来监视敌情，战时可以互相应援。这些高大的城墙和敌台使长城变成了一道难以逾越的铜墙铁壁。由他督建的蓟镇长城，至今雄伟地屹立在华夏大地之上，成为中华民族抵御外敌的精神丰碑。

戚继光的这些边防改革和举措使得蓟镇将士"节制精明，器械犀利"，军容整齐，军纪严明，多次击退蒙古诸部的进犯，捍卫了大明的门户，保证了边境的安宁。

戚继光在蓟镇的这些功绩，与张居正的保驾护航是分不开的。

【就势论势】

万历十年（1582）六月，张居正逝世，万历皇帝开始对他进行大规模清算。万历十二年（1584），司礼监太监张诚与刑部侍郎丘橓等人前往张居正家乡江陵抄没其家产，并历数他的"罪状"，公布于天下，还将他的家人张居易、张嗣修、张顺、张书等人发配充军。

与张居正关系匪浅的戚继光自然也受到了牵连。他先因给事中张鼎思的弹劾被调往广东，不久又被弹劾罢官。

张居正死后，很多人说戚继光是他的党羽。然而，细究便会发现，二人之间的关系并非结党。

张居正重用戚继光完全是出于国家形势的需求。当时的明朝边防溃散，蒙古骑兵屡次直抵国门，沿海倭患泛滥，包括张居正在内的文官集团被形势所迫，不得不做出"抬高将权"的决策调整。

徐阶、高拱、张居正三人性情不同、政见不同，但对于"修边政、抬将权"的看法却是一致的。

国防形势严峻，抬升将权、整治军纪刻不容缓。戚继光正是在这种形势下，适逢其会，走入了张居正等当国文臣的视野。

张居正的用人标准为：毋徒眩于声名，毋尽拘于资格，毋摇之以毁誉。戚继光礼敬张居正，非阿谀奉承、蝇营狗苟之辈，他忠贞务实的品格也正符合张居正对人才的要求。

《明史》中谈到戚继光屡建奇功时说："亦赖当国大臣徐阶、高拱、张居正先后倚任之。"徐阶、高拱、张居正都曾倚重戚继光。其中，尤以张居正的支持最坚决，时间也最久。

对于张居正来说，于公，他出于国家利益考虑，为国选材，故而为戚继光扫清障碍，以使他安心保家卫国。所以，二人之间是重用与被重用的关系。于私，张居正提拔战功卓著的戚继光，可以借戚继光之势，为自己的仕途增添更多的光彩。

在当时腐败的政治大环境中，面临军事溃散、边患频发的艰难困境，戚继光若想践行抗敌保国的理想，就要向大形势靠拢，向朝廷的当权者借势，以此来实现自己的报国理想。

所以，二人之间也是一种互相借势的关系。历史的风云际会给了内阁首辅与名将相逢、合作的机会，也于无意间成就了一段千古美谈。

万历十五年（1587），闲赋在家三年的戚继光被御史傅光宅上疏举荐，却遭到小人弹劾，戚继光反被夺去俸禄。郁郁寡欢的戚继光不久后便去世了。

受到牵连、晚景凄凉的老将军也许会感叹"君恩自是优功狗，世事浑如看纸鸢"的无常，也许会感叹政治的黑暗、人生的多变，但应不会为他与张居正曾经亲密的关系而悔恨。

宦海沉浮半生，他必然十分清楚，若没有张居正坚定的支持，他或许早已在黑暗的政治斗争中沉沦，又何来一生抱负的实现。

黄仁宇先生在《万历十五年》中说："戚继光的复杂来自环境的复杂，如果指望他简单得如同海瑞，无疑是不近情理。"

俗话说："人在江湖，身不由己。"朝政政治更甚江湖。帝王之心深不可测，政治纠葛盘根错节。身处旋涡之中，稍有不慎便会招致牢狱之灾，重则可能会被抄家灭族。戚继光看清时势，并顺应时势，选择借势而行，这是特定历史时代下的智举。

历史上有许多可歌可泣的英雄人物，如果以成败来论，只有懂得借势的人，才成了胜利者。过去与现在，成功的法则是一样的。我们仍然需要洞察政策与形势，选择合适的合作伙伴，互相借势，互相成就，一起走向成功。华为与李嘉诚旗下和记电讯的合作，就是一个经典的例子。

华为于1987年成立于广东深圳，最早是一家生产用户交换机的香港公司的销售代理。几年后，华为打出了自己的第一款拳头产品，年销售额节节攀升，高达十五亿元。但那时由于第一代无线通信技术的缺失，国内的大、中城市的市场已经被摩托罗拉、爱立信、诺基亚等西方公司垄断。在激烈的竞争环境中，华为其实举步维艰。

面对大形势，任正非制定了两个战略：一是在国内实行"农村包围城市"的策略，以广阔的农村市场为切入点谋求发展；二是顺应全球形势，让华为走向国际市场。

彼时的香港是全球电信发达的地区之一。故而，华为计划率先进军香港市场。1996 年，李嘉诚的和记电信刚刚获得了固定电话运营牌照，需要在短时间内实现移机不改号的业务。这一需求立刻吸引了任正非的目光，他意识到机会来了。只要达成与和记电讯的合作，便能打开国际市场。

任正非亲自致电李嘉诚，双方经过长时间的沟通，顺利达成了合作意向。但香港市场的交换机标准制式、客户使用习惯等方面存在着一些问题，华为工程师制定了应对方案，在短短三个月内高标准完成了任务，成功打开了走向国际市场的大门。和记电讯也借着华为的技术，在竞争激烈的电信市场站稳了脚跟。两家公司实现了商业上的共赢。

古希腊哲学家阿基米德说："给我一个支点，我就能撬起地球。"这句话说的正是借势思维的重要性。借势得当，甚至能够达到四两拨千斤的效果。

在当今全球化的大趋势下，合作已是必须的选择。特别是自己的力量还不够强大的时候，要学会借势，借助一切可以借助的力量，才是走向成功的正确路径。

生活中，许多人不习惯与人合作，往往更喜欢单打独斗，这种做法是不可取的。"一人智谋短，众人计谋长。"想要取得成功，仅仅埋头苦干是不行的，必须学会借势，才能获得更快、更好的成长。

需要注意的是，打铁还需自身硬，想要向上借势，首先自身得具有一定的优势，尽可能与别人形成一种互相借势的关系，只有谋求共赢，合作才能更加持久。

判断一个人能否成功，应看其能否
顺势而为

在一般人的认知里，判断一个人能否成功时，往往会格外看重其人是否聪明。但实际上，还有一些因素比聪明更重要。

小米创始人雷军在一次访谈中说："中国不乏聪明又勤奋的人，我自己到了四十岁的时候，才觉得光有聪明和勤奋是远远不够的，我觉得还得顺势。顺势而为，把握战略点、把握时机的重要性要远远超过战术的。你做到了极致，又能怎么样？一头猪在风口，只要风足够大，它就能飞起来。"

从这段访谈可以看出，雷军是懂《势胜学》的——想要成功，只有聪明是不够的，还要懂得顺势而为。

简而言之，聪明和勤奋是成功不可或缺的因素，但成功还需要很多别的因素，"顺势"便是具有决定性的因素。

关于这一点，古人早有体会。《孟子·公孙丑上》中便直接点明了智慧与形势的对比关系，声称有智慧不如拥有好形势，有锄头不如赶上好时节。

班固也极为认可这种观点，他在《汉书》中说："语曰'虽有兹基，不如逢时'，信矣！樊哙、夏侯婴、灌婴之徒，方其鼓刀、仆御、贩缯之时，岂自知附骥之尾，勒功帝籍，庆流子孙哉？"意思是说：樊哙在做屠夫、夏侯婴在做马夫、灌婴在做小贩的时候，难道就知道自己在附骥之尾，日后能建功立业、泽被子孙吗？当然不是，他们只不过是顺应时势罢了。

所以，我们在观察一个人是否能取得成功的时候，与其看他有没有智慧，不如看他是否顺应了形势。反之，若看不清形势，或者逆势而行，即便再有智慧也难以取得成功。

雷军曾指出：聪明的人有个通病，就是很自信，甚至自负，他觉得他自己可以改变整个世界，动不动就想改变世界。这句话放在商纣王身上，再合适不过。

商纣王：从壮志少年到千古暴君

因为《封神演义》，商纣王的暴君形象在我国几乎家喻户晓。商纣王，即帝辛，是商朝末代君主。在《封神演义》中，他是一个耽于美色、诛杀贤臣、杀妻弃子的无道暴君，做了许多天怒人怨的暴行。

那么，真实的商纣王到底是什么样的呢？

用今天的眼光来看，商纣王是一个出生就自带主角光环的人。他是帝乙的小儿子，本没有继承权。但兄长微子启因母亲出身低贱而不能继承王位，所以，王位就落在了他的头上。

而他本人也并非庸碌之辈，在《史记·殷本纪》的记载中，他"资辨捷疾，闻见甚敏；材力过人，手格猛兽；知足以距谏，言足以饰非"。

这段记载告诉我们至少两个信息："资辨捷疾，闻见甚敏"说明商纣王天资聪颖，他的学识足以拒绝别人的劝谏，他的口才可以轻易掩饰他的错误；"材力过人，手格猛兽"说明他勇武过人，力气很大，可以徒手与猛兽搏斗。

这么一个聪慧、勇猛、文武双全之人，却正好应了雷军的话——聪慧之人，往往会很自负。

《史记·殷本纪》说他"矜人臣以能，高天下以声，以为皆出己之下"。意思是，商纣王很喜欢向臣下夸耀自己的才能，向天下抬高自己的声威，认为天下人都不如他。这样的人，往往很难将别人的谏言听进去。

在生活上，他骄横暴虐、挥霍无度，与宠姬过着骄奢淫逸的生活；在军事上，他穷兵黩武，多次远征夷方，将成千上万的俘虏抓到朝歌当奴隶。在政治上，他刚愎自用，排除异己、独断专行，重用佞臣小人。比干、商容、微子、箕子等股肱之臣劝他修身克己、勤政爱民，甚至不惜以死相谏，却换来他的疏远和迫害。

他的荒淫无度引起了百姓和臣属的怨恨，有些诸侯对他心生不满，背叛了他，被他施以惨绝人寰的酷刑。当时，西伯姬昌、九侯、鄂侯为"三公"。九侯把一个女儿献给了纣王，但因这位女子不喜淫逸的生活，被纣王一怒之下杀害了，九侯也被残忍杀害。鄂侯极力强谏，却被纣王迁怒，施以脯刑。姬昌得知此事，暗自叹息。商朝崇城国君崇侯虎是纣王的心腹，他得知后告诉了纣王。

因为这一声叹息，姬昌成了阶下囚，被纣王关押在了羑里。后来还是姬昌的臣属闳夭向纣王献上美人和财宝，才将姬昌营救出来。

回国后，姬昌积极推行善政，使得势弱的西岐逐渐强大。

到了这个时候，天下都看清了商朝的"亡国之势"。百姓不愿亲近纣王，诸侯们也纷纷投向了西伯姬昌，可纣王此时尚不自知。

姬昌打败黎国后，大臣祖伊惊慌地向纣王报告："天子，上天恐怕要断绝我们殷商的国运了。"纣王却不以为意地回答："天命不是在我吗？"

西伯姬昌去世后，他的儿子姬发继位，是为周武王。周武王看到形势大好，率军东征。到了盟津（今河南孟津东，孟州市西南）时，背叛纣王前来投奔的诸侯多达八百家。

诸侯们认为伐纣的时机到了，周武王却说："你们不知道天命啊！"随后收兵回国了。直到微子逃走隐居，比干被杀，箕子被囚，殷商的太师和少师都投奔了西岐，周武王才认为纣王的命数已尽。

之后，他率领各路诸侯讨伐纣王，在牧野之战中大败纣王临时组建的奴隶军。纣王走投无路，登上鹿台，自焚而死。

【就势论势】

《左传》指出，对于一个国家来说，最重要的两件大事是祭祀与战争。"国之大事，在祀与戎"。这里的"国"指的就是商王朝。

商朝始于公元前 1600 年，终于公元前 1046 年，存续五百五十余年。据学者考证，这五百五十余年间，却约有四百年的时间在打仗。在郑州商城和偃师商城出土的青铜器中，兵器比例约百分之十五，殷墟出土的兵器比例甚至高达百分之七十。这些数据充分说明了商朝战争的频繁。

当时的山东、淮河下游和长江流域的生产力较为低下，很多小部落还处在原始社会时期。为了争取生存资源，这些部落逐渐向中原地区发展。

这种情况在文丁、帝乙时便已存在，战争在那时便开始了，但都是小规模的。纣王继位后，发动了大规模的军事对抗。无论是从规模还是从持续时间来讲，这场战争都是空前的。纣王最终一举平定了东夷，打到长江下游。中原文明随着这场战争的胜利传至淮河下游和长江流域，这为中国成为一个多民族的统一国家奠定了基础。

这场战争虽然"利在千秋"，却"苦在当代"。

连年的征战耗费了商朝大量的人力、物力和财力，极大削弱了商朝的国力。战争需要征兵，会有大量士兵战死沙场。田地无人耕种，使得国内饿殍遍地，民怨四起。商朝已到了大厦将倾之际。

论聪慧和武力，纣王不输周文王父子。若商纣王及时施行仁政，休养生息，或许能挽救国家。但他刚愎自用、荒淫暴虐，没有把握好自己的"势"，打坏了一手好牌，也没有看清形势的发展，没能在民怨四起的时候施行仁政，最终走入了亡国的绝境，亲手为商王朝画上了一个惨烈的句号。

反观周文王与周武王父子，与商纣王的骄横暴虐完全不同。据《史记·周本纪》记载，周朝的始祖弃因懂得稼穑之道，被帝尧任为"农师"，封以周氏，教百姓耕田种地。帝舜时，他又继任农官，被封于邰，号曰"后稷"。

大约受到先祖热衷农耕的影响，周人坚持以农立国，随着季节交替，耕种收获，过着稳定、规律、平和的生活。

周文王姬昌继任西伯以后，继续发扬先祖的仁政法度，敬老爱幼，礼贤下士，勤事农耕，时常忙到顾不上吃饭。他的贤能吸引了很多有志之士前来，还有一些对商朝心怀不满之人，也加入了他的阵营，如伯夷、叔齐、散宜生等贤士，以及大军事家姜尚都纷纷前来投靠。

周文王父子面对国仇家恨，顺应形势，奋发图强，从弱小慢慢成长，最终天下归心，一战而定，覆灭了商朝，取得了辉煌的胜利。

需要注意的是，将智与势比较，并不是否定智的作用。薛居正在"无势不尊，无智非达"这一句里，重新对智进行了肯定。事实上，知势、顺势、借势、成势，才能真正拥有智慧。

我国的"歼-10之父"宋文骢就是一个真正拥有智慧的人。

了解歼-10的人都知道，歼-10是我们的"争气机"，它的意义比歼-20的更大。因为歼-10是中国真正意义上自行研发的第三代战斗机，第一次让中国的战斗机追上了发达国家同类战斗机的先进水平。

1930年，宋文骢出生在云南昆明。在他儿时的记忆中，日本军机每天都在头顶盘旋，警报一响，全城就乱成一团。大街上，到处都是被轰炸过的焦土和弹坑。

在战乱与贫困中长大的宋文骢，心中深埋着一个愿望：当上飞行员。但因感冒，他没能通过飞行员的体检，最后阴差阳错地当了一名飞机机械师。在空军担任机械师期间，宋文骢一边努力向苏联机械师学习先进知识，一边刻苦钻研，认真实践，掌握了过硬的技术。经他维修过的飞机，再未出现过同样的故障。

抗美援朝结束后，宋文骢考入哈尔滨军事工程学院，开始了新一轮的学习征程。在校期间，宋文骢参加了东风-113战斗机的研制工作并担任总体设计组组长。在这个项目里，宋文骢不分昼夜地埋头苦干，经过钻研，他发现我们仿制的苏联飞机存有不少设计缺陷。

这个发现让他深刻地意识到，照搬别人的飞机研制体制不再适合我们的国情。在战斗机领域，如果还走原来购买外机再改装的路子，我们将永远受制于人，落后于世界。因为最核心、最先进的东西，给钱也没人卖给你。

1982年，宋文骢应邀参加一个新机研制的方案评审会。宋文骢在会上坚定地说道："我们要搞一架真正由中国人自行设计的先进战斗机，一架在未来十年或二十年都不落后于世界的飞机。"

1986年，宋文骢被任命为歼-10总设计师。经过十几年的刻苦钻研，歼-10终于在1998年3月23日首飞成功。宋文骢的眼中满是泪水，他的梦想终于实现了。这一天，他整整盼了三十年。为了纪念这一天，他将自己的生日改为3月23日。

宋文骢院士根据我国国情发展，坚持自主设计，让我国的战斗机追上了发达国家同类战斗机的先进水平。

上述案例告诉我们：拥有才智不一定会取得真正的成功，只有看清事情发展的趋势，并及时抓住趋势，进而顺势而为，才能取得真正的成功。反之，若看不清事情的趋势，没有顺势而为，哪怕是智商超群、聪明绝顶，也会落得一败涂地。

在生活中，我们除了埋头苦干，还应抬头看路，悉心观察事态的变化，及时调整应对的策略。只有这样，我们才能真正地把握住形势，将自己的聪明才智最大化地发挥出来，从而获得事半功倍的效果，取得成功。

忽略形势变化，必然一败涂地

　　一个人无论多聪明、多勇敢、多努力、多有钱，都脱离不了历史进程（形势）的影响。这个道理谁都懂，可惜并非人人都能把握时机，取得一番成就。不仅如此，那些借势腾飞的人，也未必能一直飞在风口上，永远稳坐胜利者的宝座。指不定哪天，他们突然就沦为反面教材。

　　这个现象，古人早有体会。唐朝诗人罗隐写过一句富含哲理的诗——"时来天地皆同力，运去英雄不自由。"（《筹笔驿》）

　　放眼古今中外，世上少有长盛不衰，处处可见大起大落。

无数曾经引领潮流的成功者，因"时来"而盛极一时，最终却落得个"运去英雄不自由"的下场。

什么叫"运去英雄不自由"呢？就是你无论怎样努力，怎样拼命，都无法摆脱困境。失败好像命中注定一般无力挽回，与当初势不可当的成功截然相反。要是把一切都归结于偶然的运气因素，就彻底否定了人的主观能动性，限制了自己的手脚。我们应该透过"运去"的表象，找出真正的失败原因。

那么，昔日的成功者们为什么会"运去"呢？

简单地说，因为形势变了。支持他们平步青云的是过去的形势，而把他们打落神坛的是现在的形势。当时代的车轮转变方向时，原先的有利形势突然转化为不利形势。如果没有察觉大势的变化，及时采取应对措施，就会被时代的车轮无情碾压。

晋商由盛转衰，就是一个典型的例子。

晋商的兴衰

晋商在中国商界称雄达五百年之久。晋商的崛起与两次重大历史机遇是分不开的。

明朝为了巩固边防，供养几十万军队，在山西推行"开中法^①"。庞大的市场需求让山西各地的商人纷纷参与其中，借助有利形势，逐步发展成一个地方性商业集团。

在明朝灭亡的前夕，晋商群体预判改朝换代已经成为定局，于是投靠了清朝统治者。此举让晋商早早取得清朝统治者的信任。清朝一统天下后，有些山西商人被皇家聘为内务府皇商，负责供应军需品，继续承办大量官府的运输业务。

晋商凭借朝廷赋予的经商特权大获其利，其规模在康乾盛世达到了顶峰。就连北京的米面、油、盐、酒、纸、布、鱼等行业的店铺，也多由山西不同地区的商人经营。有谚语称："凡是有麻雀的地方，就有山西商人。"

鼎盛时的晋商在国内外都开办了商号或分号，诞生了一大批商业世家。晋商中著名的商号"大盛魁"，据说员工最多时有六七千人。他们既是大商人，又是大地主，拥有的资本极为雄厚。甚至到了 1900 年，慈禧太后、光绪皇帝逃离北京，途经山西时，因晋商借银四十万两，才缓解了皇室经济开支的燃眉之急。

然而，此时晋商的好日子也快要到头了。随着清朝的衰落，

---

① 明代鼓励商人输送米粮等至边塞而给予食盐运销权的制度。明朝通过这个办法解决了北方边镇的军饷问题，收到了盐税，而山西的晋商也因此崛起。

晋商没了最大的靠山,失去了巨量订单。但晋商还延续着依靠清政府的经商思路,而且把赚来的钱用来买地盖房,而不是开办工厂。此举是封建经济的老办法,却不符合工商业发展的新趋势。尽管晋商中有少数人尝试转型,可惜为时已晚,且投资方向失误,导致资金周转困难,最终不可避免地走向衰败。

【就势论势】

论运营能力,晋商在明清时期是名列前茅的。晋商创造性地发明了类似股份制的"东(家)伙(计)制",开时代之先河。晋商普遍受到儒家文化的影响,非常重视诚信,致力于践行儒商精神。晋商也很团结,讲义气、讲相与、讲帮靠,协调商号间的关系,消除人际间的不和,使得山西商人群体较早形成了强大的集团竞争力。

毫不夸张地说,晋商若是没有这些能力,就不会把握重大历史机遇,营造出纵横海内外的商业网络。可即便如此,晋商还是没能逃脱衰败的命运。原因何在?

除了形势剧变等客观原因外,主观原因也不可忽视。说到底,晋商未能及时察觉形势变化,更没有主动顺应新形势的潮流。就好像冬天穿棉衣能防寒保暖,但夏天来了还穿棉衣就会中暑。晋商没能脱去赖以成功的"棉衣"，还妄图延续旧时代的红利，于是在新形势面前倒下了。假如晋商能及时察觉形势变化，再次借助新时代的东风，就能把握住从封建商号转型为近代民族工商企业的机会，不至于被沿海地区的新兴商业势力全面取代。

由此可见，一切聪明才智和勤劳勇敢只有用在顺应时势的地方，才能开花结果。

所以，聪明人不能只看眼前的一时得失，而应该始终关注最新的形势变化。什么形势是值得注意的呢？国际形势、国内形势、行业形势、科技发展形势、经济民生形势等，都隐藏着机遇与挑战。

比如，二十世纪九十年代后期，阿里巴巴、腾讯等公司的创始人意识到了互联网在中国市场的发展潜力，于是抓住了历史机遇，顺应了国家的发展需求，这才有了今天的成就，让中国的互联网产业从落后变为世界领先。

这件事说明：当我们处于劣势时，无须妄自菲薄，好好审视一下自己是否顺应了形势发展。只要是顺势而为，就能发展壮大，吃到时代的红利；反之，则要及时调整方向。当我们处于优势时，更要留心细微的形势变化。因为每一次大形势的质变，都是由一个个小事件的量变积累而成的。

总之，世界一直在不断变化，保持对形势变化的敏感性，才能长久地借势发展，立于不败之地。

君子一时劣势，终究不会沉沦

　　我们的历史，从母系氏族社会到父系氏族社会，又从氏族社会父系家长制演变成宗法制度。在宗法制度下，宗族组织和国家组织合二为一，按血脉关系分配权力。

　　宗法制度从夏开始，到周王朝的时候已经很完备了。

　　按宗法制度，正妻所生的第一个孩子叫嫡长子，第二个孩子叫次子，妾生的孩子叫庶子。由长子形成的家庭体系，叫大宗；大宗的长子才叫君。

　　诸侯之君，叫国君。大夫之君，叫家君。君之子，就是君子。但是大宗与小宗只是一个相对的概念。比如对天子而言，诸侯就是小宗；对诸侯而言，卿大夫就是小宗。而在卿大夫的采邑里，卿大夫也是大宗。所以君子这个概念，到后来就泛指统治阶级了。相应的，小宗的男性就被称为"小人"，后来泛指被统治阶级。

因此，古人对君子提出了极高的期许，因为他们是采邑或者诸侯国的继承人，肩负着比小人更大的责任。

《周易》将这些期许写入了卦辞之中。

乾卦："天行健，君子以自强不息。"君子要像天道运行一样，自强，永不停息。

坤卦："地势坤，君子以厚德载物。"君子要像厚重的大地一样，胸怀博大，能承载万物。

巽卦：君子要像和顺的风一样，谦让恭顺，进退自如。

震卦：君子要像听到震动的雷声一样，心存戒惧，自觉地修德省过。

后来孔子在他的学说里，为君子和小人的概念增添了道德的含义。如："君子无终食之间违仁，造次必于是，颠沛必于是。"君子无论是在匆匆忙忙的时候，还是在颠沛流离的时候，都不会违反仁的原则。

"君子喻于义，小人喻于利"，是说君子于事必辨其是非，小人于事必计其厉害。"君子求诸己，小人求诸人"，是说君子遇到问题首先会从自身找原因，小人遇到问题首先会推卸责任。

　　在今天，我们将才华与美德集于一身的人，称为"君子"。

　　正是因为君子既有"求诸己"的自律，又有"自强不息"的自励，所以不管他做什么，都是向上的。这样的君子，就算他得了权势，身居高位，也会像水一样，滋养万物。正如西汉史学家刘向在《说苑·谈丛》中说的那样："君子得时如水，小人得时如火。"

　　这样的君子，就算他的处境再糟糕，也不会沉沦。西周军事家姜子牙就是这样一位君子。

渭水垂钓，终成功名

　　姜子牙，姜姓吕氏，名尚，字子牙。《礼记》记载，姜子牙的始祖是炎帝，炎帝姓姜，为太昊伏羲氏赐姓。其先祖曾辅佐禹治水有功，被封在吕地。姜尚是其后裔，因其封地之故，又被称为吕尚。

　　由于史料缺失，姜子牙青、中年时的境况已不可考。《史记》对他的早年经历介绍得也比较简略，只说他"尝穷困"。

有一种说法是，姜子牙学识渊博、见识很广，曾在商朝为官，见纣王无道，就离开了。之后去游说诸侯，也没有什么好的际遇，最后才来到西岐，投到西伯姬昌麾下。

还有一种说法是，姜子牙家境贫困，曾入赘妇家，因不擅生计被逐出家门，于是隐居在渭水之滨，借钓鱼之机等待伯乐。

不论是哪一种说法，可以确定的是，姜子牙在遇到西伯姬昌之前一直过得很落魄，一直到七十岁还一无是处。他满头白发，穷困潦倒，但从来没有改变过自己的志向，一直在等待大展宏图的一天。

而他最终也等来了自己的伯乐——西伯姬昌。武王继位后，姜子牙拜为国师，在牧野之战中立下首功。姜子牙先后辅佐了文王、武王、成王、康王四代周王，文能治国，武能安邦，成为西周杰出的政治家、军事家。

古往今来，不乏怀才不遇之人，但如姜子牙这样蹉跎到七十岁还不改其志者少之又少。很多人怀有旷世才华，却难以熬过生命中的挫折和等待。

西汉初年，文学家贾谊便是一个才高八斗之人，他的《过秦论》《鵩鸟赋》都是文学史上赫赫有名的经典之作。西汉史学家刘向在《战国策》中评价他的才华甚至远超伊尹和管仲。

汉文帝时，贾谊曾任博士，迁太中大夫，后因政敌排挤，被贬为长沙王太傅。离开京城途经湘水时，他借着感叹屈原生不逢时，写下"历九州而相其君兮，何必怀此都也"的诗句，以表达心中的愤恨。到长沙国后，更是常常感叹自己怀才不遇，最终在三十三岁时郁郁而终。

【就势论势】

贾谊没有认识到"君子之势，滞而不坠"的道理，遭遇挫折后既愤且忧，终是误了自己。反观姜子牙，哪怕坎坷大半生，也从没放弃过自己。

姜子牙死后，后世尊他为"百家宗师，兵家鼻祖"，在后世的文学作品中，他已由人变成了神。我们不用将他当成神灵，我们应学习他的精神。

生活中的每个人都会遭遇挫折。在挫折面前，有的人垂头丧气，从此一蹶不振；有的人则坚信"失败是成功之母"，积蓄力量，从头再来。

两种不同的选择，反映的是两种截然不同的内心世界。前者如贾谊，既缺乏自信，也缺乏对胜利的信心；后者如姜子牙，有着从不动摇的坚定信念，只要一息尚存，便会奋斗不止。

这或许才是奋斗者应有的态度。五代十国时期的著名宰相冯道在《天道》中说："但知行好事，莫要问前程。"

意思是只要努力做好事情便会有好结果，不必过问前途如何。正如J.K.罗琳一样。

J.K.罗琳是"哈利·波特"系列作品的作者。她的父母都没有上过大学，家庭比较贫困，但她的父母有一个良好的习惯，就是喜欢读书。

受家庭氛围的影响，年幼的罗琳也爱上了读书。她最喜欢奇幻类书籍。长大后的罗琳深深地迷恋上文学，但她的父母强烈反对她学习文学，因为他们认为文学不足以让她在未来支付贷款或者取得足够的养老金。但罗琳还是瞒着父母报了古典文学专业。

1990年，罗琳着手创作哈利·波特的故事，但母亲的离世让她陷入了悲伤，于是她离开了英国，去了葡萄牙。两年后，她嫁给了一名葡萄牙新闻记者。但因为丈夫的家暴，她不得不带着还在襁褓中的女儿又回到了英国。罗琳成了一名单亲妈妈，靠微薄的政府救济金度日。

后来罗琳说："贫穷并不是一种高贵的经历，它带来恐惧、压力，有时还有绝望，它意味着许许多多的羞辱和艰辛。靠自己的努力摆脱贫穷，确实可以为此感到自豪，但贫穷本身只有对傻瓜而言才是浪漫的。"

生活的失败没有让罗琳一蹶不振，反而让她越发认清了自己的内心。她决定把心里的故事写出来。1997 年，在被拒稿十二次后，她的第一部小说《哈利·波特与魔法石》凭着新奇的想象一炮而红。截至 2008 年，"哈利·波特"系列七部小说被翻译成六十七种文字在全球发行四亿册。

她在哈佛大学演讲时说："我在你们这个年龄的时候，最害怕的不是贫穷，而是失败。但是，失败使我内心产生一种安全感，这是我在考试中从来没有得到过的。失败让我看清自己，这也是我通过其他方式无法体会的。我发现，我比自己认为的要更有毅力和决心。"

无论是姜子牙，还是 J.K. 罗琳，他们之所以能从人生的黑暗里走出来，原因在于他们有坚强的意志，坚信自己一定会成功。这就是"滞而不坠"的真义。

以上故事还告诉我们："滞而不坠"，在于自己。我们每个人的发展趋势如何，虽然受到势的影响，但起决定性作用的还是我们个人的修养和智慧。如果没有足够的修养和智慧，那么无论外部的势多么强大，也终将难成大器。

事实上，君子最大的依仗正是君子自己。君子的自强不息和博大胸怀，才是我们应该学习的。

小人一时得意，难逃失败下场

"小人"在古籍里有多重意义，但基本上都是指人格卑鄙之人。诸葛亮在《出师表》中对刘禅谆谆告诫："亲贤臣，远小人，此先汉所以兴隆也；亲小人，远贤臣，此后汉所以倾颓也。"

诸葛亮将一个王朝的倾颓归因于亲近小人，并非夸大其词，因为历史上小人误国、小人祸君的例子数不胜数。

齐桓公前半生任用管仲为相，实行军政合一、兵民合一的制度，令齐国逐渐强大，齐桓公终成春秋五霸的第一位霸主。

但他晚年却趋于昏庸，宠信易牙、竖刁等小人。易牙为了讨好齐桓公，曾将自己的儿子烹了给他吃。这样歹毒无道之人非但没有引起齐桓公的警惕，反而更受齐桓公的信任。最终，齐桓公生病卧床之后，因无人照料，饥饿而死。一代霸主，就这样凄凉地死去。

王振是明朝第一位专权的宦官，他本是落第秀才，入宫后因才智被明宣宗器重，被派去服侍太子朱祁镇。明宣宗去世后，朱祁镇继位，是为明英宗，王振被升为司礼监掌印太监。等到明英宗祖母张太皇太后与阁臣杨士奇、杨荣、杨溥去世，王振凭借着英宗的宠信，开始勾结朝臣，干涉朝政。1449年，瓦剌大举入侵，王振力劝亲征，又因耽误行程导致"土木堡之变"，朱祁镇被俘，明朝险些灭亡。

正因为小人的祸害极大，所以自古以来人们就十分讨厌小人，并努力辨别谁是小人。

《易经》用卦相启发我们。观卦："童观，小人道也。"是说小人目光短浅。遁卦："好遁，君子吉，小人否。"是说小人不知进退。大壮卦："小人用壮，君子用罔。"是说小人恃强凌弱。

《论语》中列举了很多小人的表现。"小人长戚戚"，是说小人心胸狭隘；"小人比而不周"，是说小人相互勾结；"小人同而不和"，是说小人勾心斗角；"小人骄而不泰"，是说小人傲慢浮躁；"君子成人之美，不成人之恶。小人反是"，是说小人嫉妒心强；"小人下达"，是说小人放纵欲望；等等。

晚清名臣曾国藩结合自身识人、用人心得，写了一部识人、鉴人的书——《冰鉴》。他在书中告诉我们，那些造谣生事、挑拨离间、表里不一、贬低别人、投机取巧之人，都是小人。

按照这些标准，历史上的小人极多，许多还权倾一时，不过通常没有好下场。李林甫就是一个例子。

李林甫：口有蜜，腹有剑

李林甫，小字哥奴，是唐朝由盛转衰的关键人物。

李林甫是皇族宗室，但只是旁支，最初只是一个千牛直长。为了往上爬，他费尽了心思。唐玄宗当时最宠武惠妃。为了巴结武惠妃，李林甫许诺拥立她的儿子寿王为太子。到735年，李林甫已是礼部尚书、同中书门下三品，加银青光禄大夫，与侍中裴耀卿、中书令张九龄一同担任宰相。

李林甫当上宰相后就开始打击竞争对手。当时朔方节度使牛仙客在边境颇有政绩，唐玄宗想任命他为尚书，张九龄认为其人不贤，器量不足，故而反对。唐玄宗要给牛仙客加封爵位，张九龄又反对。李林甫就暗中在唐玄宗面前进谗言："牛仙客乃宰相之才，张九龄书生，不知大体。"

次日，唐玄宗再次提及给牛仙客加封爵位，张九龄还是反对，李林甫就又暗中进谗言："只要有才识，何必满腹经纶。天子用人，有何不可？"后来，唐玄宗以结党为由，罢去张九龄和裴耀卿的宰相之职。

牛仙客当了宰相后，唯唯诺诺，凡事都不敢做主，唯李林甫马首是瞻。高力士评价说："仙客本胥吏，非宰相器。"事实证明，张九龄的反对才是有识之举。而李林甫之所以力荐牛仙客，不过是因为想网罗同党罢了。

李林甫也深知自己政敌颇多，怕谏官弹劾自己，就想方设法断绝言路。有一个谏官上书议论政事，马上就被贬去当县令了。李林甫还以仪仗马打比喻，暗示谏官闭嘴："当今天子英明无比，我们当臣子的顺着皇帝的心意还来不及，还要议论些什么呢？你们难道没看见仪仗队里的马吗？整天默不作声，就能得到上好的饲料，相当于三品官的待遇。若嘶鸣一声，马上就被逐出队伍，以后还有机会吗？"从那以后，朝廷谏诤之路也就绝了。

除此以外，李林甫还妒贤嫉能。唐玄宗想要延续"开元盛世"的景况，下诏征集天下贤才。李林甫怕这些人面见皇帝时指责他的过失，就故意刁难，让所有的人全部落选。然后告诉唐玄宗，说人才已经全部在朝廷里了，声称"野无遗贤"。

史书评价李林甫"口有蜜，腹有剑"，意思是他表面和善，暗地里却搞阴谋害人。人们私下里都称他为"肉腰刀"，即以软刀子杀人之意。

737 年，太子李瑛、鄂王李瑶、光王李琚因母亲失宠，在暗地里斥骂武惠妃，被驸马都尉杨洄告了密。玄宗大怒之下，要废黜三个儿子。张九龄极力劝阻，李林甫当时一言不发，退朝后私下对宦官表明了心迹："此乃天子家事，何必与外人商议。"

在李林甫的谗言下，唐玄宗最终还是将李瑛、李瑶、李琚废为庶人，不久又将三人赐死。这就是历史上的"三庶人案"，当时的人们无不称此为冤案。

太子李瑛被赐死后，李林甫数次劝说唐玄宗立寿王李瑁为太子。但唐玄宗更属意勤奋好学的忠王李玙，再加上当时武惠妃已死，高力士也推荐李玙，最终还是把李玙立为了太子。李玙后来改名李亨，即唐肃宗。

在立太子一事上，李林甫怕李亨以后报复，于是诬陷太子妃的哥哥韦坚与陇右节度使皇甫惟明密谋支持李亨发动政变。李亨为求自保被迫休妻，皇甫惟明被抄家，韦坚被流放。此案牵连的家族有一百多个，其中北海太守李邕、淄川太守裴敦复等人被杖毙，前宰相李适之、先天政变的功臣王琚等人被迫自尽。

以上种种，无不证明李林甫是一个卑鄙小人。只因他的权势如日中天，一时无人敢撄其锋芒。

俗话说：天道至公，小人自有小人收。在另一个小人杨国忠崛起后，李林甫就一步一步走向了身败名裂的下场。

杨国忠，本名杨钊，是杨贵妃的堂兄，凭着裙带关系而飞黄腾达。为了仕途升迁，杨国忠一度与李林甫狼狈为奸。杨国忠扶摇直上后，野心也急剧膨胀，开始处心积虑地打击李林甫，想要取而代之。为此，他时常在唐玄宗面前诋毁李林甫。久而久之，唐玄宗便逐渐疏远了李林甫。一些跟随李林甫的人敏锐地嗅到了味道，于是转投杨国忠，吉温就是其中一个。

吉温曾充当李林甫的爪牙，是出名的酷吏。转投杨国忠后，两人暗中密谋，开始剪除李林甫的羽翼。很快，李林甫的许多心腹被二人找借口罢黜。突厥部落首领阿布思叛变后，杨国忠又诬陷李林甫是同谋。唐玄宗从此更加疏远李林甫。

李林甫失去了昔日的权势，忧惧之下患上重病。有巫者说，见皇帝一面病就会好。李林甫于是乞见玄宗一面，但玄宗只是登上降圣阁遥望，举起一块红巾向他招了招。不久后，杨国忠从四川回来，前去探望李林甫。大约预感到自己即将大难临头，李林甫流着泪向他托付后事。

然而，李林甫忘记了，杨国忠也是一位小人。他刚死，杨国忠就伙同党羽诬告他谋反。玄宗得知后勃然大怒，罢免了李林甫的所有官职，抄没了他的全部家产，他的子孙也悉数被贬官流放。尚未下葬的李林甫以庶民之礼安葬，他也被永远地钉在了历史的耻辱柱上。

【就势论势】

安史之乱后，唐玄宗曾与给事中裴士淹谈论起自己任命过的宰相。当谈到房琯时，唐玄宗说："房琯平定不了叛乱。如果姚崇尚在，叛乱早就平定了。宋璟则是沽名卖直之人。"

唐玄宗前后评论了十多人，当评论到李林甫时，他说："这人嫉贤妒能，荐举的人都是比不上他的人。"

裴士淹问："陛下全然知道，但为什么任用他这么久呢？"

唐玄宗默然不答。

由此可见，小人得势，是因为当权者亲近小人。

小人通常都很擅长揣摩上司的心思，从而投其所好，因此常得到上司的赏识。虽然小人常常能得势，但不要羡慕他们，因为小人就算一时得意，也难逃身败名裂的下场。

以上故事具有很强的警示作用。对领导来讲，任命下属时要考察他的内心和人品，不能任用小人。对于借势以求上进的人来讲，在得势后，不能自我堕落，否则定会反噬自己。

聪明人不怨天尤人，只求尽心竭力

前文说过：君子之势就算一时有所滞碍，也不会沉沦；小人之势就算一时得意，也终究难逃失败的命运。无论我们是想附势还是借势，都要先搞明白对方的"势"——看他的"势"是顽强向上的君子之势，还是虚有威势的小人之势。这样，才有助于成功。

怎样才能搞明白对方的"势"呢？简单来说，就是察人。只需要考察对方"善"与"不善"就行了。那么，什么是"善"呢？

"善"在此处不能简单地理解为"好的；擅长"之意，

它其实是对"合乎道"的概括。简单来说，"合乎道"即为"善"，反之为"不善"。

老子在《道德经·八章》中，将"善"与"水"联系在了一起："上善若水。水善利万物而不争，处众人之所恶，故几于道。"

因为老子的这段话，"上善若水，厚德载物"成了我们民族文明精粹的一部分。故而，要理解"善"的含义，必须先理解"水"与"善"的关系，进而理解"善"与"势"的关系。

老子观水如观道，在这一章中，他提出了"水之善"的七种标准："居善地，心善渊，与善仁，言善信，正善治，事善能，动善时。"

简而言之，一个"善"的人为人处事，会像水一样，不在意形势的好坏，只会尽心尽力。这样的"势"自然就是"君子之势"。反之，一个"不善"的人，总是计较利害关系，做事损人利己，甚至不利己也要损人。这样的"势"就是小人之势。

宋代道学家吕本中在其著作《官箴》中说："处事者不以聪明为先，而以尽心为急。"意思是，善于处理事情的人，不会把聪明放在第一位，而是把尽心尽力放在第一位。这一观点与《势胜学》中"善者不怨势劣，尽心也"有着异曲同工之妙。

唐代名臣高适的经历，就能很好地印证这个道理。

高适：向诗而生，将军涅槃

高适，字达夫，出自渤海高氏。他的祖父高侃是唐太宗时期的名将，为唐朝边疆的稳定做出了卓越的贡献，因功受封为平原郡开国公。但到了高适那一代，家道已经没落。

《旧唐书·高适传》记载，因不事家业，高适早年生活得十分贫寒。他二十岁之前的具体生活情况，因史料缺失已不可考，但由他的诗作《别韦参军》中"二十解书剑，西游长安城"可大致推知，二十岁之前，他应长期生活在侠风浓郁的梁宋之地。

唐玄宗开元七年（719），高适离开故居，前往长安寻求功名，却四处碰壁，一无所获。滞留两年后，他只能失意地离开了长安，定居宋州，继续耕钓自养的贫苦生活。

开元十八年（730），唐朝东北边境爆发了与契丹和奚族的战争。在唐代，边疆将帅可以自设佐吏，所以成为边将的幕僚也成了文士进入仕途的一条迂回之径。虽然升迁艰难，但若有机会在战场上立下军功，也能官升高位。

高适听闻战事，决定投笔从戎，遂北上寻找投军机会。他本想去朔方节度副大使信安王李祎幕府中谋求一官半职，但求荐无果，始终未能如愿。上位者的昏庸、军中的黑暗让高适身心俱疲，他只得愤懑而归。

开元二十三年（735），高适前往长安应试，却名落孙山。滞留长安三年后，他郁郁寡欢地回到了宋州。

时光一晃而过，转眼间到了天宝六载（747）的冬天。饥寒交迫的生活中，高适迎来了与友人董大的久别重逢。离别之时，他作了组诗《别董大二首》赠予董大。

该组诗第一首中的"莫愁前路无知己，天下谁人不识君"成为流传千古的名句，广为传唱。但其实，第二首也同样出色："六翮飘飖私自怜，一离京洛十余年。丈夫贫贱应未足，今日相逢无酒钱。"

李白的《将进酒》也是请朋友喝酒，但李白囊中有钱，故而才可一掷千金，说出"五花马，千金裘，呼儿将出换美酒，与尔同销万古愁"的豪言。

高适则完全相反，他长期处于穷困交加的生活之中，囊中羞涩，竟连为友人送行的薄酒都买不起，"今日相逢无酒钱"。

不名一文，一无所有，落魄英雄的屈辱、被命运蹂躏的窘困，被刻画得入木三分。

一般人遇到这种几乎无地自容的困境，或愤怒，或自怜，或哀叹，留下的不是一片萧索和凄凉，就是满腹的戾气，然而高适呈现出了另一种情景。他坦荡地对友人诉说自己的境遇，大丈夫贫贱谁又心甘情愿，"丈夫贫贱应未足"。自我调侃中，饱含着磊落、自信与坚定。

天宝八载（749），经宋州刺史、张九龄之弟张九皋荐举有道科，高适释褐授封丘尉。然而，县尉是唐朝官僚系统的最基层，他对媚上压下的环境感到很不适应。他在《封丘作》一诗中道尽了担任小吏的无奈与悲哀："州县才难适，云山道欲穷。揣摩惭黠吏，栖隐谢愚公。"

什么是"揣摩惭黠吏"呢？他在另一首诗中说得更加详细："拜迎长官心欲碎，鞭挞黎庶令人悲。"

高适陷入了彷徨与矛盾之中，在该职位上过得十分压抑，但生活的困顿让他不得不隐忍下来，尽力寻找生机。这一年的六月，唐与吐蕃发生了石堡城之战，陇右节度使哥舒翰率唐军夺取了石堡城，取得了胜利。

唐代县尉有定期向朝廷输送本地兵源的任务。根据高适《送白少府送兵之陇右》一诗可知，陇右是地方输兵的重要目的地。此时的高适正担任封丘尉，有送兵陇右之务。他利用职务之便，尽一切可能为自己谋取出路。边塞苦寒的风雪中，金戈铁马之声拨动着男儿热血。比起县尉任上的苟且，他更向往立功边塞，彰显大丈夫本色。

他在《除夜作》中写道："故乡今夜思千里，霜鬓明朝又一年。"若再蹉跎下去，他这一生将再没有机会。

高适决心辞去封丘尉，继续寻找机会。辞去封丘尉后，他客游河右，终于遇到了自己一生最大的机遇。《旧唐书·高适传》记载，河西节度使哥舒翰"见而异之，表为左骁卫兵曹，充翰府掌书记"。

天宝十一载（752）的冬天，高适随哥舒翰入朝，在长安，他与杜甫、岑参、薛据、储光羲等友人重逢。他们一起登慈恩寺塔，互相唱和。

未来可期，高适的心境明朗开阔，他在《同诸公登慈恩寺塔》一诗中说自己好像生出了翅膀，遨游九天之上，千里山河、万里川原尽收眼底。"言是羽翼生，迥出虚空上。顿疑身世别，乃觉形神王。宫阙皆户前，山河尽檐向。"字里行间，踌躇满志。

天宝十四载（755），高适已过了知天命之年。这一年的冬天，安禄山在范阳起兵叛唐。历史给了迟暮英雄一个涅槃的机会。

经哥舒翰举荐，高适拜左拾遗，转监察御史，辅佐哥舒翰镇守潼关。第二年，潼关陷落，重病的哥舒翰兵败被叛军俘虏。

为了活命，哥舒翰投降叛军，并为安禄山招降唐朝将领。一代名将在生命的最后留下了难以抹去的污点。

安史之乱毁掉了哥舒翰，却成就了高适。此后十余年，高适戎马倥偬。潼关陷落后，高适追随玄宗至河池郡，上书为哥舒翰求情。玄宗念其忠义，升其为侍御史。

后来，高适被擢升为谏议大夫。不久，永王李璘在江东反叛，意图割据一方。肃宗听闻高适素有谋略，召他觐见。高适分析江东形势，断言永王必败。肃宗听后大受鼓舞，对他越发器重。之后，高适被任为扬州大都督府长史、淮南节度使，领广陵等十二郡，与韦陟、来瑱共同平定永王之乱。

此后，高适一直被委以重任，收拾安史之乱后的帝国乱局，重整破碎的山河。高适在仕途上扶摇直上，最终因功受封渤海县侯。

《旧唐书·高适传》记载："适喜言王霸大略，务功名，尚节义。……君子以为义而知变。而有唐已来，诗人之达者，唯适而已"。

在动辄自比王侯的唐代诗人中，只有高适一人真正达到了封疆大吏的高位且受封侯爵。他通过一生不懈的努力，终于重现了祖辈的荣耀。

【就势论势】

纵观高适的一生，平淡之中又充满了传奇色彩。他的足迹遍布边关，一路写下了长河落日、铁血金戈的边塞名诗，在群星璀璨的盛唐诗坛留下了自己的名字。

当他躬耕田野、渔樵山林时，他记得自己心中有诗，还有弯弓长剑。当驰骋疆场时，他以剑为笔，把诗篇写在了大唐的河山之上。

干谒无门的无奈、耕钓田园的穷困、名落孙山的苦闷、充当小吏的压抑、戎马沙场的血泪，都没有让他退缩，他始终如水流一般，平静坚韧地向前，沿着自己的方向努力。

这才是高适在安史之乱中崛起的内在原因，也是"但知行好事，莫要问前程"的真实写照。

这样的例子在二十一世纪的今天也有许多。

2023年8月，云南"挖姜男孩"姚胜旺的故事感动了全网。当邮递员将大连理工大学的录取通知书送上门的时候，姚胜旺背着满满一背篓生姜，刚从地里挖姜回来。他顾不得洗去满是泥土的双手，便接过了录取通知书，含着热泪签收了录取通知书。

姚胜旺一家共有六口人，爷爷和爸爸有肢体残疾，只靠母亲在外打零工维持家用。虽然生活穷困艰难，但姚胜旺在学习上从来没有懈怠过，最终凭着六百二十一分的高分被知名大学录取。

　　我们感动于姚胜旺的故事，是因为我们从他身上看到了努力生活的力量。在他的身上，很多人也许会看到自己努力的影子。

　　每个时代都有黑马逆袭的例子。逆袭之前，他们是人群中一粒无人在意的尘埃。在逆境中不怨天尤人，而是持续地蓄积力量，当机会来临时抓住机遇，一鸣惊人。高适与姚胜旺的曲折逆袭史，或许可以给生活中迷茫的人们一点前行的勇气和力量。

　　当遭遇挫折的时候，我们不应怨天尤人，而应坚持认定的方向，勇敢地面对生活。就像水流在涌向大海的路上总会遇到各种各样的障碍，但万折必东，川流不息。只要锲而不舍地前行，我们终能冲破困境，取得最后的成功。

第二章

认清事物发展形势，把握成事的底层逻辑

想要达成目标，势力和智慧缺一不可

《易经》说："天尊地卑，乾坤定矣。"意思是，天地有了尊卑，世界的秩序就定了。同样，人间有了尊卑，社会的秩序就定了。

《荀子》说："天子者，势位至尊。"天子的势位是最尊贵的，次第下来，就是王侯、公卿、大臣。除了天子、王侯、公卿的势位是与生俱来的，其他人如果"势"不足，是不可能达到尊贵的"位"的。

对普通人来说，要得势十分艰难。但对天生就具有尊贵势位的人来说，如果没有足够的智慧，反而是危险的。

李瑗，字德圭，是唐高祖李渊的堂侄。虽然没有立下什么功勋，但凭着李渊的疼爱，唐朝建立后他便被封为了庐江王。

尊贵的出身给了李瑗尊贵的势位，他却因为智慧不足而丢了性命。

李瑗早年曾与太子李建成交好。玄武门之变后，李世民召他入京。李瑗惊恐难安之时，亲家王君廓劝他造反。

而李瑗看不清朝局与形势，竟听信了王君廓的话，选择了毫无胜算的造反。就在李瑗即将举旗造反时，王君廓率部下擒住了他，并将他勒死。随后，王君廓以平叛英雄自居，获得了朝廷的表彰，并被任命为左领军大将军，兼幽州都督、左光禄大夫。很显然，王君廓劝李瑗造反只不过是想拿他的人头作为改换门庭的投名状罢了，而李瑗对此却毫无察觉，最终因中奸计而丢了性命。

所以，"势"是成功的客观条件，可以通过顺势、借势来得到它，但是智慧是成功的主观条件。

那些能得势又兼有智慧的人，必然能成就一番功业。左宗棠的经历就充分印证了这个道理。

左宗棠：书生岂有封侯想，为播天威佐太平

在甘肃的柳湖公园，可以看到一百八十余棵古杨柳，这是左宗棠西征时种下的。在西北用兵的日子里，左宗棠的军队走到哪里，就将柳树栽种到哪里。当年从陕西长武到甘肃会宁，栽种成活的柳树大约有二十六万四千棵。再从甘肃到新疆，栽种的杨柳总数有两百多万棵。

人们为了纪念左宗棠，将这些柳树尊称为"左公柳"。

在数千年未有之大变局的晚清，左宗棠是一个注定无法被遗忘的名字。他收复了新疆，为中国的领土完整和国家安全做出了重要贡献；他兴办洋务，造出第一艘近代化军舰，力促海军衙门，堪称"中国近代海军之父"。凭借着卓越的智慧和赤诚的爱国之心，他在历史巨变中脱颖而出，终铸就不朽伟业。

左宗棠成名很早，但起势很晚。

他喜读以实务为主要内容的书，满腹才学，天文、地理无所不通，故而自比诸葛亮，称自己是"今亮"。有人说他是狂士，但也有人十分赞赏他。

后来与曾国藩并称"曾胡"的胡林翼称赞左宗棠"横览九州，更无才出其右者"。林则徐途经长沙时，点名要见左宗棠，秉烛长谈后，不仅称赞他有"不凡之才"，还将自己在新疆整

理的资料和地图全部交给了他。

虽然才高八斗，但左宗棠的科举之路却很不顺畅。道光七年（1827），左宗棠参加长沙府试，考中第二名，但因母亲病重，只得放弃院试，与秀才失之交臂。道光十二年（1832），左宗棠通过纳捐取得乡试资格，起初并未录取，后在"搜遗"中得以录取。此后，他在六年的时间里三次赴京参加会试，可惜都没有通过。

左宗棠的祖辈皆以文传家、教书为业，再加上他的父亲生前"好大义"，带头募捐修建左氏祠堂，耗空了家产。所以，由于生活与精神的压力，左宗棠此后再没有参加科举。为了生计，他在乡下做了很长一段时间的教书先生。

没有进士出身，便无法入仕为官，左宗棠空有才智，却只能隐居山野，做个"湘上农人"。

咸丰元年（1851）湖南巡抚张基亮邀请左宗棠出山入幕。

张基亮调任山东后，左宗棠曾短暂回到家乡。不久，又受新任巡抚骆秉章所邀，二次入幕，这次时间长达六年。虽为幕僚，但骆秉章对他言听计从。

在湖南巡抚幕府中，左宗棠初露锋芒，引起了朝野极大的关注。他虽然总揽湖南政务，权倾一时，是湖南政坛说一不二的人物，但因没有进士出身，他只能以师爷身份活跃在湖南政坛。

咸丰九年（1859），左宗棠被永州镇总兵樊燮构陷，险些丧命。在重臣曾国藩、骆秉章、胡林翼等人的尽力营救下，左宗棠因祸得福，从师爷摇身一变成为带兵出征的将领，开始了扬名显姓的辉煌之旅。

因为战功卓著，咸丰十一年（1861），左宗棠被任命为浙江巡抚。此后，左宗棠一路高升，历任闽浙总督、陕甘总督、协办大学士等，成为"晚清中兴四大名臣"之一。

【就势论势】

在清朝，当官的途径有五种：一是科举，二是世袭，三是举荐，四是赏赐，五是捐官。对大多数人来讲，其实只有科举这一条路。

虽然左宗棠的学识得到了张亮基、骆秉章、曾国藩等重臣的赏识，他的才干在湖南巡抚幕府中也得到了实践的检验，但他依然不能正式出仕，因为他没有入仕必需的"势"——进士。

不是进士出身，他便做不了高官。但他为自己争取到了另一条路——由皇帝破格提拔。

无论是过去还是现在，我们常见到很多人感叹自己怀才不遇。但如果给这些人一个机会，他们是否能像左宗棠一样从此腾达呢？

　　答案是不一定。至此，我们不得不反思一个问题：那些怀才不遇之人，到底是缺"势"还是缺"智"呢？在大多数情况下，对有"智"的人来说，就是缺"势"；对无"智"的人来说，有没有势都不会成功。

　　李一男的故事便能说明这一点。

　　李一男是个早慧的天才，1993年研究生毕业后即加入华为，任正非对他无比器重，他的升职速度也无人能比——半个月升为主任工程师，半年升为中央研究部副总经理，两年升为公司总工程师、中央研究部总裁，二十七岁时已是华为公司副总裁。

　　那时，大家都把李一男当作任正非的继承人，但是，他在2000年离开了华为。

　　离开华为后，李一男创建了港湾网络，成为华为的直接竞争对手，最终华为收购了港湾网络。2006年，李一男重新回到华为，担任首席电信科学家、副总裁。然而，不久后，他便跳槽去了百度。

　　2017年9月，李一男因涉嫌内幕交易，被深圳市中级人民法院判处有期徒刑两年六个月，并处罚金七百五十万元。

左宗棠的故事体现了一个智慧之人一旦得到"势"，就会一飞冲天，而李一男的故事则体现了一个天才在脱离"势"后步步维艰。一正一反，让我们深刻地认识到了"势"的不可或缺。

生活中，我们或许可以时常审视一下自己是否拥有安身立命的智慧。如果已经有了，就去找一个能一展身手的平台，让自己的聪明才智得到充分的发挥。如果没有，则需要戒骄戒躁，静下心来充实提高自己。提高自己，是为"趁势而上"做准备。只有这样，当机会来临的时候才能紧紧抓住。这也是"机会只留给有准备的人"这句话的含义。

心存怯懦成弱势，勇敢才能破困局

　　懦弱的反义词是勇敢，而勇敢是人类最珍贵的美德之一。孔子在《论语·宪问篇》中说："君子道者三，我无能焉。仁者不忧，知者不惑，勇者不惧。"这句话说出了君子的三种美德，勇敢是其中之一。

　　古希腊哲学家柏拉图在《理想国》里讨论了四种美德：智慧、勇敢、节制、正义。勇敢也是其中之一。在西欧的骑士精神里，骑士有谦卑、诚实、怜悯、英勇、公正、牺牲、荣誉、虔诚等八种美德，勇敢也是其中之一。

法学院教授罗翔曾感叹："在人类所有美德中，勇敢是最稀缺的。"

为什么这么多人都认为勇敢是非常稀缺的美德呢？

这是因为，在面对危机和困境的时候，光有智慧是不够的。要摆脱困境，还需要有突破、超越自我的勇气。而这种勇气是最难的。

"狭路相逢勇者胜。"在电视剧《亮剑》里，李云龙将这句话概括为"亮剑精神"。"亮剑精神"其实就是一种勇气，一种纵然敌众我寡，也敢于亮剑、敢于冲锋、敢于决一死战的勇气。

一个人是勇敢还是懦弱，平时不易分辨，只有在他独自面对困难的时候才会得到体现。在"毛遂自荐"的故事里，毛遂跟随平原君赵胜去楚国，欲说服楚王派兵救援赵国。赵胜跟楚王从日出谈判到中午，楚王还是不能做出决定。于是毛遂拔剑上前，陈述利害，楚王无可奈何，才马上做出了决定。

在毛遂拔剑上前的那一刻，他的勇敢和楚王的懦弱都一览无余地展现出来。

懦弱之人没有突破自我的勇气，克服不了自己的恐惧，正是敌人想看到的。敌人会盯着他们的弱点进行攻击。试想，在那样的情形下，懦弱之人能成就什么事业呢？

靖康之变：被敌人看透的懦弱

宋徽宗，名赵佶，是宋神宗的第十一子，出生于元丰五年（1082）。据说他出生前夕，宋神宗曾在秘书省观看过南唐后主李煜的画像；在他出生的时候，宋神宗又梦到了李煜来见。所以传言赵佶是李煜托生。传言虽不可信，但两人确实有很多相似之处。

赵佶自幼喜欢笔墨丹青，表现出了极高的艺术天赋。他成立了宣和画院，培养了王希孟、张择端等一批杰出画家。他本人的绘画造诣也极高，由他创作的《瑞鹤图》《芙蓉锦鸡图》《池塘秋晚图》等画作流传至今。在书法上，他开创了瘦金体，运笔灵动快捷，笔迹瘦劲绰约，极具个性，在中国书法史上占有很高的地位。

"诸事皆能，独不能为君耳。"这正是他一生的最好注解。

元符三年（1100）正月，宋哲宗英年早逝。由于他没有留下子嗣，宰相章惇主张立哲宗同母弟简王赵似为帝。但向太后属意于赵佶。

章惇看穿了赵佶的性格，认为他并非帝位的合适人选。可是，在向太后的坚持下，赵佶还是当上了皇帝。

宋徽宗即位后重用蔡京、童贯、王黼、梁师成、朱勔、李彦等奸臣。这六人被史书称为"北宋六贼"。他们在朝堂上结党营私，排除异己，私底下贪赃枉法，作威作福，把朝堂内外搞得乌烟瘴气。

为了满足宋徽宗的奢侈生活，蔡京不顾国家长远发展，过早地消耗了民力、物力，进一步激化了社会矛盾。

而宋徽宗丝毫没有意识到国家日益逼近的危机，一味沉迷于蔡京营造的"丰亨豫大"的假象里，过着奢华荒唐的生活。

他尊信道教，便自号"教主道君皇帝"，大兴土木，修建宫观。因喜欢奇花异石，便在汴京修建"艮岳"，令人在南方采办花石。百姓生活在水深火热之中，各地起义层出不穷。

章惇看到了宋徽宗的轻佻和荒唐，但除了这两点，宋徽宗的性格里还隐藏着懦弱。对于一个君王来说，当其懦弱暴露在敌人前面之时，将有致命的危险。宋徽宗的懦弱是逐步暴露的。

五代十国时期，后唐大将石敬瑭为了自立为帝，将燕云十六州割让给了契丹。从此，中原政权失去了北方的一道天然屏障，故而时时刻刻都想着收回来。周世宗柴荣、宋太祖赵匡胤、宋太宗赵光义都为此努力过，但都没有成功。

澶渊之盟后，宋、辽两国虽然维持了百年的和平，但宋朝依然有意夺回燕云十六州。就在宋、辽两国政权逐渐衰落之时，女真族悄然兴起，建立了金朝。

金国起初只是为了反抗辽国的压迫，意图推翻契丹的统治，故而多次发动对辽的战争。而以宋徽宗为首的宋朝统治者觉得这是一个夺回燕云十六州，立下不世功勋的机会。于是，于宣和二年（1120）和金国缔结盟约，共同灭辽，史称"海上之盟"。

盟约规定，由金军攻取辽中京大定府等地，宋军攻取辽燕京，辽亡后燕云地区归宋朝，宋朝将原本纳给辽国的岁币转给金国。

然而，由于宋方军纪涣散、腐败，缺乏战斗力，数十万大军两次进攻辽燕京都被打败。辽燕京最后还是由金国攻取下来的。

双方合作灭辽的过程中，宋朝政治的腐败与军事的薄弱都暴露在了金国面前。宋徽宗等人的懦弱表现激起了金人侵略宋朝的野心和欲望。

宣和七年（1125），金军兵分两路南下攻宋。宋徽宗见状，不积极思索抗敌之策，反而紧急禅位于太子赵桓，匆忙逃出开封，南下避祸。

在李纲、宗泽等文臣武将的齐心协力下，金国终于退兵了，宋徽宗才又返回。

然而，危机过后，宋徽宗与宋钦宗为了苟且求和，竟罢免了李纲。金国看出了宋朝两位皇帝的懦弱，自然不肯罢手。靖康元年（1126）秋，金国再次南侵，宋朝廷想要再行起用李纲，但为时已晚。

有个名叫郭京的士兵谎称自己精通道门"六甲法"，可以撒豆成兵。兵临城下，国难当头之时，宋钦宗君臣竟听信郭京的荒唐之言，导致金兵乘机攻入北宋都城开封。

靖康之变后，北方长期处于女真族的统治之下，而汉人建立的南宋王朝只能偏安一隅。

【就势论势】

北宋的灭亡有其历史原因，比如重文轻武的国策、政治的腐败、复杂的边境环境等，但与统治者的昏庸、懦弱也有着直接的关系。

宋徽宗继位时，宋、辽两国已和平相处了近百年。长期的和平消磨了契丹人的热血和斗志。辽国内部也同样面临着腐朽、混乱的政局，军队战斗力也较为孱弱。

宋朝只看到了辽国的颓势，却没看到自己内在的虚弱。此时的宋朝对内搜刮民脂民膏，已致"官逼民反"，农民起义此起彼伏，声势最浩大的方腊起义，曾攻占六州五十多县；对外则目光极其短浅，忘记唇亡齿寒的道理，没能清醒地认识到强悍的金人才是最大的威胁，竟贸然与金国缔结盟约。

尽管宋朝内部问题重重，但在很多方面仍然具有先天的优势，却由于统治者苟且、懦弱的心理，屡屡在任人和指挥上犯错，导致抗金斗争节节败退。

靖康之变的例子充分说明：心存怯懦必成弱势，对手不会因此而放过你，反而会紧盯弱点，强力进攻。强敌环伺之时，不要妄想敌人会心存怜悯。我们能做的，唯有令自身强大，时刻准备全力以赴地战斗。

懦弱之人不可能成就大势，就算生来就拥有大势，也会在危机面前迅速崩溃。在面对困难时，只有那些勇敢、无畏，敢于突破自我、迎难而上的人，才能战胜对手，赢得胜利。

张牙舞爪的人，不过是在虚张声势

荀子说，人性本恶。韩非子说，人性本利。

佛家认为人有"十恶"，具体分杀生、偷盗、邪淫、妄语、两舌、恶口、绮语、贪欲、嗔恚、邪见等十种。

道家认为，人身体内有三条虫子，称为"三尸"，代表了人的私欲、食欲、性欲。修行者只有铲除"三尸"，才能得道。

与善良之人相比，恶人有更强的欲望，而且善于采取恶的手段达到目的，所以更容易得势。这就是"君子在野，小人在位"的内在原因。

对恶人来说，他们的势位越高，他们的恶行就越多、越大，其威势就越发彰显。

但其实，这只是表面现象。表面上看，恶人权势滔天，但实质上，恶人的大势并没有增加，反而是在消散。比如董卓，在得到吕布后，他的威势达到了极致。其他人在董卓面前只会唯唯诺诺，没人敢触怒他。但实际情况却是，大家都在背后谋划着怎样才能消灭他。这个时候的董卓其实大势已去。

人们在恶人之势正凶的时候避开他，不过是一种策略罢了。

明朝名臣徐阶扳倒奸臣严嵩的经历，正好印证了"恶不长势，避其锋芒"的道理。

徐阶：不剪奸臣死不休

徐阶，字子升，明朝中期名臣，于嘉靖二年（1523）考中探花，被授翰林院编修。正当他满腔热血准备大展抱负之时，赶上明世宗"去孔子王号"事件。徐阶认为孔子应属"文化宣教之王"，便忤逆明世宗的宠臣张璁之意，结果因此事被贬为延平府推官。

之后多年，他一直辗转在浙江、江西一带督学。这次挫折磨砺了徐阶的心性，让他的性情更加谨慎、沉稳。

由于明世宗沉迷道教，好长生不老之术，惰于政事，便将朝中事务皆交给朝臣处理。夏言正直敢言，政绩突出，于嘉靖十八年（1539）成为内阁首辅。这一年，徐阶被召回京师，选为东宫僚属。

夏言此时深得明世宗的宠信，又与严嵩同为江西老乡，于是严嵩便拼命地讨好夏言，以求他在明世宗面前为自己美言。但当严嵩获得明世宗的宠信后，他便开始在明世宗面前进谗言，陷害夏言。在严嵩的一再离间下，明世宗逐渐疏远了夏言。

嘉靖二十五年（1546），陕西总督曾铣请求朝廷出兵收复河套地区。夏言出于国家利益考虑，大力支持此事，却被严嵩诬陷与曾铣勾结，图谋不轨。夏言最终被斩首弃市，严嵩从此开始了长达二十年的擅权专政。他和其子严世蕃结党营私，残害忠良不计其数。

夏言对徐阶有提携之恩，徐阶对他一直十分仰慕。恩师被陷害，蒙冤而死，让徐阶很是悲痛，但他深知自己不是严嵩的对手，只得隐忍不发、暗中蛰伏。也因为他与夏言的师生之谊，严嵩对他颇为忌恨。

嘉靖二十八年（1549），皇太子朱载壑骤然薨逝。太子丧仪过后，徐阶上疏请立裕王为太子。然而这件事触犯了明世宗的逆鳞，引起了他的不满。不久后，徐阶又因"方皇后祔入太庙"一事得罪明世宗，被他打发去邯郸吕仙洞斋醮祈福。严嵩趁机在明世宗面前进谗言。从此，明世宗对徐阶更加厌恶。

经过此事，徐阶深刻地意识到，想要扳倒严嵩父子，需得步步为营，避其锋芒，暗中蓄力，等待合适的时机。

由于明世宗崇道，凡青词造诣高的人，都能得他的信任和提拔。为了快速进入核心权力层，扳倒严嵩父子，徐阶开始苦学青词。功夫不负有心人，通过刻苦钻研，他逐渐学有所成，如愿获得了明世宗的赏识。

嘉靖三十一年（1552），徐阶以礼部尚书兼东阁大学士入阁，跨入了核心权力层，"帝察阶勤，又所撰青词独称旨，召直无逸殿"。

因严嵩专权，祸乱朝政，许多朝臣上疏弹劾他，下场却都十分悲惨。徐阶明面上并未与严嵩起冲突，暗地里却尽力奔走营救这些朝臣。沈束、王宗茂等人均因徐阶而免于死罪。

嘉靖三十二年（1553）正月，刑部员外郎杨继盛罗列了严嵩"五奸十大罪"，对严嵩发起了猛烈的弹劾，然而却遭严嵩诬陷下狱。杨继盛文武兼备、忧国忧民，徐阶有心营救，尽力劝说严嵩放过他，但严嵩不为所动。杨继盛在狱中饱受酷刑，最终于嘉靖三十四年（1555）被杀害。

嘉靖三十七年（1558）三月，刑科给事中吴时来等人上疏弹劾严嵩。他们中有两个是徐阶的门生，一个是徐阶的老乡，严嵩因此怀疑是徐阶指使他们弹劾自己，对他们严刑拷打，但没有得到证据，只好作罢。

事实摆在面前，单靠善良和正直，战胜不了以严嵩为首的严党。宦海中沉浮几十年的徐阶深刻地意识到，在没有必胜的把握前，绝不可轻举妄动。他唯有继续忍耐下去，等待时机。此后，徐阶为了避开严嵩锋芒，闭门谢客，称病不出，只是更加努力地创作青词，争取明世宗的信任。

嘉靖四十年（1561），徐阶终于等到了机会。这一年的十一月二十五日，明世宗修道的万寿宫突发火灾，他只得移驾玉熙宫，后又移驾大玄都殿。但这两处宫殿都不宽敞，明世宗很不满意。

当时正在重修三大殿，财政紧张，严嵩于是便建议明世宗移驾南城。然而，南城曾是明英宗朱祁镇被囚禁之处，明世宗很是忌讳，便开始厌恶严嵩。徐阶意识到机会来了，称修建三大殿的剩余木材可用于修建被烧毁的万寿宫，明世宗闻言大喜，此后更加倚重徐阶，还让徐阶的儿子负责修缮事务。万寿宫修建完成后，徐阶被升任为少师。

看到明世宗与严嵩的关系出现裂缝，徐阶暗中令御史邹应龙上书弹劾严世蕃倚仗父亲之势贪污受贿，结党营私，残害忠良。明世宗顺势勒令严嵩致仕，严世蕃被判流放广东雷州。

谁知严世蕃胆大妄为，竟中途擅自返回故乡，并大肆扩建府邸，御史林润得知后上疏弹劾。徐阶侍奉明世宗多年，深知只有"勾结倭寇"和"图谋不轨"这种罪名才可直击明世宗的痛点。林润根据徐阶的指点修改了奏疏，明世宗看后果然震怒，下令处死严世蕃，抄没严嵩的所有家产。

严世蕃死后，严嵩无家可归，最终病饿而死。他死后既无棺木下葬，也没人前去吊唁，十分凄惨。

徐阶升任内阁首辅后，大力革除严嵩时期带来的弊政，"以威福还主上，以政务还诸司，以用舍刑赏还诸公论"，一时间"论者翕然推阶为名相"。

【就势论势】

徐阶为了扳倒严嵩父子，极力隐忍，步步为营，最终匡扶了正道，自己也成为一代名臣。《明史》赞扬徐阶："立朝有相度，保全善类。嘉、隆之政多所匡救。间有委蛇，亦不失大节。"

从徐阶对付严嵩父子的故事可以看出，当对手权势正盛时，只有隐忍蛰伏才是智举，保护自己的同时，静待时机，打击对手。

势是一种力量，聚势不靠咄咄逼人，而是靠包容互惠，比如中国对肯尼亚的援助。中国不仅资助肯尼亚的优秀学生来华接受高等教育，还承建了连接肯尼亚首都内罗毕和东非第一大港蒙巴萨港的铁路（蒙内铁路）。这条铁路是东非铁路网的第一步，未来铁路将延伸到乌干达，甚至布隆迪。

严嵩父子是一个反面的例子，它告诉我们，有些人虽然看上去威势赫赫，但他们内在的势正在消散。当消散到一定程度时，就是他们身败名裂的时候。

中国援助肯尼亚则是一个正面案例，它告诉我们，势的力量是可以靠合作共赢而凝聚起来的。凝聚的力量越多，势就越旺盛。

同理，无论是在职场里还是在生活中，当我们遇到那些狐假虎威、仗势欺人的人时，我们不必畏惧他们，因为当我们看穿他们的本质后就会发现，他们不过是在虚张声势而已。我们不必与之起正面冲突，从而引火烧身，可以选择暂时避其锋芒，以待时机的到来。

形势尚未明朗，千万不要主观臆断

唐代吕温在《诸葛武侯庙记》中说："未能审时定势，大顺人心。"

审时，求的是远见卓识；定势即度势，求的是了然于心。这两点告诉我们，在做抉择的时候，必须着眼长远，并对当前形势了然于心。换而言之，形势未明之时，不可草率行事。

《国语·越语下》中记载了一个越王勾践的故事。当时勾践准备进攻吴国，范蠡劝阻他说："天时不作，弗为人客；人事不起，弗为之始。"意思是：上天没有对敌国降下灾殃，就不要进攻敌国；敌国百姓没有发生内乱，就不要挑起争端。在范蠡看来，必须等到形势明朗——吴国发生自然灾害，或者吴国发生内乱时，才可以发动战争。

"未明之势，不可臆也。"用今天的话来说，就是要保持战略定力，不能急于求成。否则，可能会适得其反。

那么，在形势未明的时候，怎么办呢？

孙武在《孙子兵法》中提到了"计"，即庙算。怎么算呢？孙武认为应从"道、天、地、将、法"五个方面去分析，即看民心、天时、地利、将帅、制度与敌人的相比是否占有优势。优势大，胜算就大；优势小，胜算就小。

分析清楚了，形势也就明朗了。如果没有经过周密的庙算就行动，则是鲁莽、草率，也就是"臆"。臆往往会招致失败。

面对不明形势的对策，除了《孙子兵法》告诉我们的"计"，明代开国谋臣朱升也教了朱元璋一招——"高筑墙、广积粮、缓称王"。

朱元璋：高筑墙、广积粮、缓称王

元朝末年，由于争夺帝位，蒙古贵族之间争斗加剧，逐渐演变成内战。以元顺帝为首的蒙古贵族，已是"丑声秽行，著闻于外"。

朝局的动荡、政治的腐败使得官吏贪污、豪强专横的情况与日俱增。再加上天灾频发，黄河多次泛滥，阶级矛盾和民族矛盾日益尖锐。整个社会民不聊生、怨声载道，甚至出现了"剥树食其皮，掘草食其根"的情况。

元朝的统治已然走上了崩溃的道路。

泰定二年（1325），河南的赵丑厮、郭菩萨拉开了农民起义的序幕。但这些起义的规模都不大，很快便被镇压下去。

元顺帝至正十一年（1351），白莲教韩山童、刘福通利用"石人一只眼，挑动黄河天下反"的谶言，聚集大批民众，头裹红巾，宣誓起义。不久，韩山童被捕牺牲，刘福通等人逃出重围，聚集后卷土重来，成功占领了颍州城。至此，元末农民起义正式爆发。

这一年八月，卖布出身的徐寿辉在湖北起义，很快攻占蕲州（今蕲春）和黄州，在水陆要冲蕲水（今浠水）建都，国号"天完"。湖北随县人明玉珍也随徐寿辉起义，任元帅。

至正十二年（1352），富民郭子兴响应刘福通，自称元帅，在定远县聚众起义，不久攻下濠州。随后，郭子兴据濠州而坚守，号令彰明。

这一年，朱元璋在儿时玩伴汤和的邀请下，加入了郭子兴的红巾军。朱元璋因作战勇猛、精明能干，备受郭子兴器重。

至正十三年（1353），贩盐出身的张士诚在泰州起义，次年在高邮立国，国号大周。

韩山童牺牲后，起义军推举其子韩林儿为首领。至正十五年（1355）二月，韩林儿在亳州称帝，称小明王。郭子兴部属小明王韩林儿麾下。

至正十五年（1355），郭子兴病逝。后来，其子郭天叙被叛徒出卖牺牲。此后，郭子兴这一支起义军全部被朱元璋掌握。但与其他几支起义军的实力相比，朱元璋这一支的实力较为薄弱，且其根据地应天的位置也较为凶险，可谓四面受敌——长江上游有陈友谅，下游有张士诚，东南邻方国珍，南邻陈友定，正北是韩林儿，东北是元朝势力。

朱元璋不甘心受制于人，但碍于形势只得隐忍下来。至正十八年（1358），朱元璋派邓愈进攻徽州，经人引荐，认识了隐士朱升。

在应天府的军帐中，朱升向朱元璋献上了"天下计"。这个助朱元璋夺得天下的计策，就是"高筑墙、广积粮、缓称王"。

什么是"高筑墙"呢？

在当时的作战中，火器已得到大规模应用，朱元璋自己的军队里就装备了大量的火器。在火器作战中，掩体非常重要。而高高筑起的城墙，无疑是最好的掩体。

此外，无论是面对陈友谅、张士诚的水师舰队，还是面对元军的骑兵，高高筑起的城墙都是最好的防御。当陈友谅率领六十万大军浩浩荡荡地顺江而下，攻打洪都时，朱元璋军队能以两万人坚守八十五天，高大的城墙发挥了巨大的作用。

"高筑墙"这一政策一直延续到明朝末年。我国遗存至今的古城墙，大多数都建于明朝。今天站在南京城下，似乎还能看到明城墙巍峨的模样。

"广积粮"就是大量地储备战略物资，以准备迎接即将到来的大战。而"缓称王"的战略则是借鉴了唐高祖李渊起兵的经验。

隋末的历史已然证明，在群雄并起的乱世，早称王的往往不得善终。元末时期，元朝廷镇压农民起义的方略就是重点猛攻那些称王称帝的起义军。"缓称王"之策可令朱元璋军队暂避元军锋芒，保持低调发展。朱元璋一直奉行这一策略，直到打败陈友谅后，才于至正二十四年（1364）称吴王。

此后，朱元璋打败了苏州的张士诚、福建的方国珍，随后北进中原，最终平定天下，开创大明帝国。

【就势论势】

史学家孟森在《明史讲义》中说："匹夫起事，无凭借威炳之嫌，为民除暴，无预窥神器之意，自始皇以来，得国正者，惟汉与明。"

意思是，只有满足两个条件，才算是"得国正者"：一是开国皇帝出自布衣平民，成就功业全靠个人实力。二是起义所面临的原政权是丧尽民心的暴政。

元末朝廷内部虽然动荡、腐败，但相比农民起义军的散乱，元军整体实力还是很强的。尤其是察罕帖木儿和王保保率领的蒙古军队，战斗力非常强劲，是元廷平乱的主要武装力量，曾镇压了许多地方的农民起义。通过元末各大战役可知，元军采取的镇压策略主要是"擒贼先擒王"。

至正十一年（1351），徐寿辉建立"天完"政权后，曾席卷江西、湖南，一度占领了杭州城，但随即就被元廷调集大军围剿。至正十三年（1353），大将彭莹玉战死，徐寿辉逃到黄梅山区与沔阳湖一带，两年后才又恢复实力，重振旗鼓。

至正十四年（1354）正月，张士诚在高邮自称"诚王"，国号大周。元朝廷妄图把这一新兴政权扼杀在襁褓之中，派百万大军前去讨伐。双方在高邮进行了殊死搏斗，张士诚部虽然最后取得了胜利，但也伤亡惨重，实力大损。

韩林儿建宋称帝后，声势浩大，曾分三路北伐。西路军曾占据了大半个陕西，东路军曾攻入山东、河北，中路军曾攻克元上都，夺取辽阳，但最后都失败了，将领也大半战死。中央红巾军在刘福通的率领下，一度攻占汴梁，打出了"灭元立宋"的旗帜，但还是遭到元军围剿而战败。

正是听从了朱升"高筑墙、广积粮、缓称王"的策略，朱元璋才没有冒进，从而避免重蹈徐寿辉、张士诚等起义军的覆辙。

朱元璋的经历告诉我们：无论是争霸天下，还是干事创业，在自己实力不济、形势不明时，"高筑墙、广积粮、缓称王"，拒绝眼前的诱惑，着眼长远，才是明智之举。

华为在创业之初也采取了与朱元璋同样的策略，始终目光长远，坚决拒绝短期的诱惑，才有了今天在高科技领域与西方资本抗衡的力量。

华为曾面临的一个诱惑来自世纪之交的小灵通。当时的小灵通因为资费便宜，在中国红极一时。UT斯达康、中兴通讯都是小灵通的受益者。

彼时，华为资金短缺，正面临着生存压力。以华为的技术实力，做小灵通自然不是问题。华为内部有很多人提议涉足小灵通市场，却被任正非拒绝了。

是什么让他选择了拒绝呢？

任正非后来在接受采访时说出了那时的真实想法："因为从 2000 年开始，我们国家在无线电的选择上，是选 CDMA、GSM，还是其他，都处于矛盾之中。我们当时判断小灵通是没有前景的。选择它可能会赚很多钱，但是是没有前景的，我们就没有做。我认为，战略是要从长远的角度来制定，到底这个社会的需求是什么，这点是很重要的。"

2016 年，华为发布了一张瓦格尼亚人在刚果河中捕鱼的图片广告，广告词是："不在非战略机会点上消耗战略竞争力量。"这正是华为的战略思维。

这些事例无不告诉我们：当形势不明的时候，千万不要被眼前的利益所诱惑，更不要想当然地进行决策。正确的方法应是坚持自己的长远规划，不断积蓄力量，坚定地向着既定的方向前进。当形势明确的那一天，就是我们趁势而动的大好时机！

形势已然明确，不可逆势而动

形势不明时，不可轻举妄动。相应的，当形势已经很明朗的时候，切不可逆势而动。这也是顺势而为的另一种表达。

《黄帝四经·经法·论约》中记载："逆顺是守，功溢于天，故有死刑。功不及天，退而无名；功合于天，名乃大成。人事之理也。顺则生，理则成，逆则死，失则无名。"

所谓"逆顺是守"，意思是说，是逆还是顺，我们都必须清醒地认识并遵循。而"顺则生，理则成，逆则死，失则无名"则是说，顺应天道便能得以生存，合乎事理方能成就功业，逆势而行将会败亡，不合事理则将一事无成。

孙中山先生则讲得更加直白："世界潮流，浩浩汤汤。顺之者昌，逆之者亡。"

孔子提倡恢复周礼，但却被各国诸侯所不容。宋襄公恪守"仁义"之战，结果兵败身死。并非他们的理念不对，而是他们的理念与当时的天下大势不符。

唐高祖李渊反隋建唐，赵匡胤黄袍加身，并非他们早有反心，而是天下大势已至，他们也不过是顺应天道，依势而行。

当大形势已然明朗，只有顺应大势才能获得成功；逆势而行，注定以失败告终。这一点在袁世凯身上体现得淋漓尽致。

袁世凯：倒行逆施的窃国者

1911 年武昌起义爆发后，南北双方便开始议和，以袁世凯如推翻清朝统治便推举他为中华民国临时大总统作为谈判协定，并达成共识。

在袁世凯就任中华民国临时大总统之前，南方革命党人便匆匆制定了一部《中华民国临时约法》(以下简称《临时约法》)。

《临时约法》制定的初衷是想约束袁世凯，把民主共和制度稳定下来。袁世凯却认为这是他们在处心积虑地削弱他的权力。

根据《临时约法》的规定，虽然临时大总统为国家元首，但由于实行责任内阁制，内阁代元首对国会负责，临时大总统成为空有其名而无权的虚职。袁世凯自然不甘心受责任内阁制和《临时约法》的约束，他想尽办法极力挣脱此"牢笼"。

1913 年 10 月 6 日，袁世凯被选举为正式大总统后，他又让国会制定《中华民国约法》，废除限制他集权的《临时约法》。之后，他又做了一系列举措，如解散国会和各省议会，设置政事堂，等等，将各种权力集于一身。

至此，袁世凯已扫除了全部政治障碍，为复辟帝制打通了道路。

辛亥革命爆发后，帝国主义列强一方面为争夺中国领土而进行着激烈的斗争，另一方面又联手阻止中国人民觉醒，妄图使中国人民永远沉沦下去，成为他们剥削的奴隶。他们认为，拥有较强的军事实力的袁世凯对中国的控制越强，越能保证他们在中国的利益。所以，当袁世凯要复辟时，他们或多或少地给予了支持，其中，尤以日本的支持力度最大。

袁世凯为了取得日本的支持，不惜出卖国家主权。1915 年 5 月 25 日，袁世凯不顾社会各界的反对，坚持与日本签订了丧权辱国的《二十一条》。

袁世凯深受封建专制制度的影响，内心深处向往"君临天下"，而非民主共和。

他以编练新军起家，后逐渐成为北洋军阀首领，权力越来越大使他的野心越来越大，当皇帝的念头也越来越强烈。

1916 年元旦，在帝国主义列强与封建势力的支持下，袁世凯登基称帝，定年号为"洪宪"。

他称帝的消息一经流出，便遭到了全国人民的一致抗议和唾骂。袁世凯仅仅当了八十三天的皇帝就下台了，不久后在忧愤交加中死去。

【就势论势】

早期的袁世凯其实也曾密切关注时代趋势，他不同于守旧的封建官僚，十分善于利用刚刚在中国萌芽的新的军事、经济因素，用来加强自己的实力，提高自己的威望。因为顺应时代趋势，所以他能胜出别人一头，攀到权力的顶峰。

但袁世凯坚持恢复封建帝制是彻头彻尾的倒行逆施。与历史大势背道而驰，他也成为被人们唾弃和辱骂的对象。

需要注意的是，大势涌来之前，及时跟上大势的，叫顺势而上；步伐慢了，跟不上大势的，也是另一种层面的"逆"。诺基亚的衰落就是一个典型的例子。

诺基亚成立于 1865 年，本是一家木材加工厂，后来逐渐转型为电信设备制造商。1992 年，诺基亚推出了 1011，这是诺基亚发售的第一部 GSM 手机，也是世界上第一款能发送短信的手机。这款手机让诺基亚一战成名。当时的诺基亚手机几乎撑起了手机行业的半边天，在全球市场的份额中一度高达百分之四十以上。

然而，诺基亚的辉煌没有一直延续下去。2007 年，苹果推出了第一款 iPhone 智能手机。而诺基亚没有看到智能手机的发展趋势，仍旧坚持使用 Symbian 操作系统。随着智能手机的兴起，诺基亚逐渐走上了下坡路。

2011 年，为了应对困局，诺基亚与微软合作推出了采用 Windows Phone 操作系统的智能手机，但为时已晚。该决策错过了最佳的时机，最终没能挽救诺基亚的衰败。2014 年，微软收购诺基亚手机业务。至此，诺基亚手机彻底退出了手机市场。

世间的大多数事情都有其内在的运行规律，我们只有悉心观察其趋势，顺应趋势而行，才会走得更加顺畅。当形势已定，若还逆势而行，便会错过发展时机，铸成失败。

　　大多数人做的事不一定是顺势，少数人做的事也不一定是逆势。我们在生活中要常留意、多观察，试着从两个维度思考问题。从宏观维度思考未来的发展趋势，从微观维度观察自己正在做之事的小趋势。这样，当大势来临时，便能第一时间抓住机遇，顺势而上。

形势终有起伏，有备才能无患

《大学》有言："物有本末，事有终始，知所先后，则近道矣"。意思是，每一样东西一定有其根本、有其枝末，每一件事情一定有其开始、有其终结。明白了本末始终的道理，才能抓住事物发展的规律。

形势也是如此。形势不会一直好下去，因为盛极必衰。形势也不会一直坏下去，因为黑夜的尽头便是黎明。如果眼前的形势一片大好，那么就应该提高警惕，因为"祸兮福之所倚，福兮祸之所伏"，如果没有这种忧患意识，那么"祸不远矣"。

中国的先哲们很早就懂得这个道理。

《周易·系辞下》中记载了两个问题："《易》之兴也，其于中古乎？作《易》者，其有忧患乎？"这两问不必回答，因为答案不言而喻。面对肆虐的天敌和泛滥的洪水，先哲们表现出了深深的惕惧和忧虑。这种惕惧和忧虑，便是作《周易》的原始动机。

正是凭借着这种居安思危的忧患意识和朝乾夕惕的进取精神，我们这个多灾多难的民族数千年来才生生不息。

在《周易》的卦辞、爻辞中，有很多凶、咎、吝、否、损、陨、乱、困等负面占断之辞。面对这些负面之辞，古人用"悔吝"来应对。所谓悔，是指及时发现不好的苗头或纰漏并加以改正，使事物向好的方向发展，这便是忧患意识。所谓吝，是指有了小的过错而不及时改正，事物就会向坏的方向发展，旨在告诉人们不可缺乏惕惧之心。

《易经·复卦》说："反复其道，七日来复，天行也。"意思是，事物的发展总是周而复始的，循环往复是大自然的运行规律。

既然如此，我们应该怎么应对呢？

《势胜学》告诉我们，只有未雨绸缪，才能避免在势力衰竭时遭遇灾祸，陷入困境。

三家分晋，在变化的形势中谋生存

如果说周幽王烽火戏诸侯是春秋的起点，那么韩、赵、魏三家分晋则是战国的起点，它直接将历史进程从春秋五霸阶段推入战国七雄时代。

春秋五霸之中，晋国实力最强。在近三百年的春秋历史中，晋国独霸时间长达百年。

由于晋国王室内斗激烈，晋国的势力逐渐衰弱，丧失了霸主地位，晋国实权也旁落在了异姓贵族手中。掌控晋国国政的异姓贵族起初有十多家，经过你争我夺的角逐，只剩下六家——韩、赵、魏、智、范、中行，史称"晋国六卿"。

春秋末期，范氏和中行氏在内讧中败亡，六卿变为"韩、赵、魏、智"四卿，其中智氏的势力最强大。

智瑶是智氏第七代宗主，当上正卿之后，执掌晋国政务、军事大权多年。春秋末期，越国灭亡吴国后，越王勾践率军北上，举行诸侯会盟，成为春秋时期的最后一位霸主。

智瑶是个雄心勃勃之人，在他看来，丧失霸主地位是晋国莫大的耻辱，故而一直希望晋国能恢复霸主地位。但他心中清楚，晋国大权旁落，政出私门，若要恢复霸业，首先得增强晋国国君的实力。

于是，他对另外三家大夫赵襄子、魏桓子、韩康子说："晋国本是中原霸主，后来被吴、越夺去了霸主地位。为使晋国强大起来，我主张每家都拿出封邑献给国君，我智家先献出一个万户邑。"

三家都不想献出自己的封邑，魏桓子和韩康子惧于智瑶的势力，最终还是答应了，只有赵襄子坚决拒绝献地。

智瑶于是向国君请命，与魏桓子、韩康子共同出兵攻打赵襄子，许诺打败赵襄子后，三家瓜分赵家的封邑。

在谋臣张孟谈的建议下，赵襄子率军退守晋阳城。智瑶和韩、魏两家一直没能攻下晋阳城。智瑶巡视战地时，发现晋阳城虽然坚固，但在地势低洼处，于是决定采用水攻。

智瑶派军队驻守汾水堤坝，将汾水导向晋阳城。一夜之间，晋阳城变成了汪洋泽国。

水淹晋阳城让魏桓子和韩康子都产生了强烈的危机感。因为魏桓子的老家安邑城（今山西夏县）有汾水，韩康子的老家平阳城（今山西临汾）有绛水。既然今天可以水淹晋阳，那以后自然也可以水淹安邑城、平阳城。

晋阳城被淹后，赵襄子心急如焚，危急关头派了谋臣张孟谈联络韩、魏两家，晓之以"唇亡齿寒"之理。共同的处境、危险的前途，让魏桓子和韩康子同意了结盟。

于是，赵、韩、魏三家团结起来，谋定了"里应外合"的计划。公元前453年，韩康子、魏桓子带兵突袭智瑶的守堤部队，"使人杀守堤之吏，而决水灌智伯军"。

智家军慌忙上堤堵口，军中大乱。赵襄子亲率赵家军出晋阳城从正面攻击。智家军大败，智瑶也于乱军中被斩杀。这就是晋阳之战。

晋阳之战中，智瑶没有察觉到韩、魏两家立场的转变，其失败自是必然的。但是，他并非没有察觉的机会。

智果是智氏家族的军师，具有很强的洞察力。他看出魏桓子和韩康子对智氏的戒心和防备心，推断二人必反，曾劝告智瑶杀掉二人以绝后患。但智瑶没有采纳他的建议。

智果只好换了一个办法，劝智瑶若不愿杀掉魏桓子和韩康子，就尽力笼络他们。然而，此计也被智瑶拒绝了。智果见劝说不动智瑶，预感晋阳之战必败，为了避免受到牵连，便到晋国太史那儿把自己的姓氏由智氏改为了辅氏，另立宗庙。

智瑶死后，赵、韩、魏三家瓜分了智氏封邑，尽灭智氏之族，唯有智果一脉因改换姓氏避过了灾祸，得以保存。秦国统一六国后，辅氏不忘先祖，又恢复了智姓。

【就势论势】

晋阳之战中，智瑶的洞察力来源于他"思危"的意识，他敢于将事情往最坏的方向想，预见形势变化的可能性。最终也凭借着对形势的预见，未雨绸缪，提前改换姓氏，使家族避过了灾难。

以上故事告诉我们一个道理：好的形势不会一成不变，为了避免变故来临时措手不及，我们一定要有底线思维，提前设想最坏的结果，做好应对措施。只有做好了应对措施，才能不惧任何变故；即便遇到了挫折，我们最终也能凭借万全的准备平稳地渡过难关。

生活中，我们要保持惕惧之心，时刻分析自己所处的形势，见微知著，及早做好应对措施。

第三章

借势如投资，
正确做事才能产生价值

你的人生离不开贵人

一个人才华横溢，但并没有得到任何人的赏识，就好比一块璞玉，无人问津。在这种情况之下，如果有贵人诚心提携，那结果必然有所不同。

纵观古今历史，有多少能人异士抱憾终生，自己拥有一身的才华却无人引荐、提携；又有多少英雄豪杰，得到了贵人的帮助，一路顺风顺水、平步青云。

如此看来，有贵人携持，我们的未来会更加光明，与成功的距离也会更近。

如果要说在贵人的帮助下获得成功，那一定少不了管鲍之交的故事。

管鲍之交

管鲍之交指的是管仲与鲍叔牙的交情，比喻相知甚深、交谊深厚的朋友关系。

管仲和鲍叔牙都是春秋时期齐国人。在封建社会中，等级制度森严。在"士、农、工、商"四民中，商人的地位最低。

而管仲就是地位低微的商人。人微言轻，哪怕拥有卓越的才能，也无法施展。

但鲍叔牙非常欣赏管仲的才能，他们惺惺相惜，成了好朋友。鲍叔牙一直在努力地给管仲创造机会。

比如，为了让管仲生活得富裕一些，鲍叔牙和管仲一起做生意赚了钱，管仲多拿一些钱，鲍叔牙从来不计较。

比如，他们一起参军，管仲当了逃兵，鲍叔牙就替管仲解释，说他是因为要赡养母亲才爱惜生命的。

管仲感动于鲍叔牙的理解与认可。

后来鲍叔牙和管仲被举荐到齐国王室，辅佐齐僖公的儿子。管仲辅佐公子纠，鲍叔牙辅佐公子小白。

齐国政变，国君之位空缺，几位公子争夺国君之位。辅佐公子纠的管仲阻拦公子小白回国，甚至偷袭公子小白。公子小白趁机诈死，骗过了管仲一行人。公子小白凭借着机灵与才能，将回国的困境一一化解。最终公子小白获得了国君之位，他就是赫赫有名的齐桓公。

齐桓公上位时，齐国非常混乱，齐桓公希望有治世之才的人来辅佐自己治国。一开始，他希望鲍叔牙来辅佐他治国，鲍叔牙却推荐了管仲。

如果深究前面的夺位大战，管仲辅佐的是齐桓公的竞争对手。在旁人看来，齐桓公没有处罚管仲那都是宅心仁厚了。现在鲍叔牙竟然推荐管仲，并对齐桓公说，管仲可以让齐国富庶，辅佐能力甚于己。

在鲍叔牙的举荐下，齐桓公不计前嫌，任用了管仲。在管仲的用心辅佐之下，齐桓公一跃成为春秋霸主之一。

管仲病重，齐桓公询问谁可以接任相位。管仲推荐了隰朋而不是鲍叔牙。周围又有人离间管仲与鲍叔牙，并说管仲忘恩负义。但鲍叔牙说，管仲举荐隰朋是真心为国家社稷考虑，而不是因为个人喜好推荐自己的好朋友。

管仲的成功之路上，处处都有鲍叔牙的影子。这样看来，鲍叔牙对管仲来说，绝对不是好朋友这样简单，鲍叔牙还是管仲的贵人。

【就势论势】

"管鲍之交"让很多人看到了真诚的友谊——不管对方做了什么，都信任对方，敢于将后背交给对方；在对方遇到上升的机会的时候，并没有嫉妒对方，反而极力地帮助对方实现梦想与目标。

其实，更贴切的说法是管仲遇到了鲍叔牙这位贵人。做生意时，鲍叔牙理解管仲的难处，尽己所能地给予帮助；参军作战时，鲍叔牙了解管仲的孝顺，为他解释；后来，鲍叔牙还劝说齐桓公放下私人恩怨，接纳管仲，让管仲参与治国；等等。

如果没有鲍叔牙的理解与支持，管仲的才能可能就会被埋没。

由此可以看出，在漫长的人生之路中，想要获得成功，贵人的作用非常关键。

贵人是导师，慧眼识珠，看到满身才华却没有机会的你。因为他们的赏识，你的命运发生了变化，你与成功也离得更近。

贵人是朋友，在人生的路上，你不再单打独斗，他会与你并肩作战，见证你的成长与蜕变，助你实现梦想。

贵人是助力者，哪怕前进的道路再坎坷，他们也会陪伴在你的左右，为你清理道路上的荆棘。

简而言之，贵人是我们成长路上的助力，是我们走向梦想的坚实后盾。

华罗庚是我国著名的数学家。刚开始学习时他的成绩并不好，后来他遇到了数学老师王维克。王维克在批改华罗庚的数学作业时，发现他思维敏捷，拥有数学天赋，就极力地开发他的数学潜能。

有一次，华罗庚去王维克家中做客，顺便借了一本关于微积分的教科书。十天左右，华罗庚就将书还了回来。王维克怕华罗庚浅尝辄止，没有真正理解书中的含义，就对他说："数学这门功课是最有步骤的，你不可跳着看啊！"王维克还专门提出了一些问题，从侧面对华罗庚进行数学上的指导。

后来华罗庚因为家庭困难，不得不辍学。王维克帮他解决了学费问题，让他继续读下去。

在王维克的帮助之下，华罗庚才一步步成为著名的数学家。

管仲遇到了鲍叔牙，华罗庚遇到了王维克，那我们普通人如何才能遇到自己的贵人呢？

遇到贵人前，持续提升自身价值。自身没有过硬的本领，自己的品格不过关，哪怕遇到贵人，也不会得到贵人的青睐。换言之，在遇到贵人之前，自己先要成为自己的贵人。

　　遇到贵人前，心态要平和，情绪需稳定。贵人可遇不可求，并不是你极力地寻找就能发现。你如果别有用心地接近贵人，不但不会得到贵人的帮助，反而会被贵人嫌弃。所以，请保持一颗平常心，想要获得贵人的认可，一定要用心地做事。

　　更重要的是，一定要知道周围处处有贵人。贵人不一定是富豪大亨，他们可能穿着最普通的衣衫，做着最简单的事情。但他们无意中的一句话就会点醒迷茫的你，甚至无意中的行为如雪中送炭帮你渡过难关。

　　当你遇到自己的贵人时，请耐心地接受贵人的指导，这样便能早日突破束缚的茧，成为绚烂美丽的蝴蝶，飞向天空。

打铁还需自身硬，想要借势先自强

如果一个平凡的普通人，突然某一天崛起了，你会不会很好奇，想要一探究竟？仔细分析这个人的成长，我们很容易发现，原来在我们看不到的地方，他做了很多的准备工作。从正三观到提升核心技能，从维护人际关系到持续学习，他都做得很好。

"天行健，君子以自强不息。"这句话说的就是想要真正强大起来，少不了个人的自立自强。

我们身边也有不少普通人，也许他们懂得生存之道，看上去也很努力，却没有获得成功。

为什么同样是普通人，获得的结果却不同呢？在人生的轨迹中，除了个人的自强不息，我们还会发现"势"的重要性。一种人是通过加强自身能力，努力发掘个人潜能，韬光养晦；一种人是用表面上的勤奋掩盖真实的懒惰，麻痹自己，隐藏个人缺陷。

有能力，如果再有"势"的加持，会更接近成功；但没有能力，只有各种旁门左道，哪怕获得了荣耀也只是暂时的。

在我们的历史长河中，写下《三都赋》，造成洛阳纸贵的左思，就是自立自强者的代表。

洛阳纸贵

在西晋的文学史上，左思绝对可以占一席之地，他因创作《三都赋》影响了洛阳纸张的价格。这到底是这么回事呢？他的《三都赋》又为何有这么大的影响力呢？

左思是西晋人，据传他其貌不扬、身材矮小，并且语言表达也有缺陷。但他与被称为"古代第一美男子"的潘安是好友。每次两人出行，都充分展示了什么是"没有对比就没有伤害"。即便如此，两人的友情依然如故。

左思自幼反应迟钝，所以各方面表现平平，连父亲都为他着急。后来他发愤图强，努力地钻研学问，最终凭借勤奋，文采逐渐显现。

左思读过东汉班固的《两都赋》和张衡的《西京赋》之后，决定要写出一篇超越他们的《三都赋》。周围的人听到左思要写《三都赋》的时候，都哈哈大笑，笑他不自量力。

他并没有因为外界的嘲讽就放弃自己的信念，在正式创作之前，他做了以下准备。

第一，他读《两都赋》和《西京赋》的时候，发现文章中的语言过于艺术化，失之偏颇。

所以左思在写《三都赋》之前，到魏都邺城、蜀都成都、吴都金陵做了大量的实地调研，积累了从历史、地理到风俗人情等一系列的一手资料。

第二，当时的纸张稀缺，写赋需要大量的纸张，他就找到一位造纸能手，想办法生产大量优质纸张，以满足自己的写作需求。

在这样准备充分的情况下，左思将自己对三个都城的理解与感悟写进了赋中，文辞恳切，生动真实。最终，《三都赋》完成了。

左思本身毫无名气，哪怕写出了如此恢宏大作，依然遭到当时文人的嘲讽，那些文人甚至看都不看他的作品，就开始对他进行批评。左思一看，这样下去，自己的心血可就毁了。

他另辟蹊径，将自己的作品给当时的文学家张华看。张华品读以后非常喜欢，更是评价"班、张之流也。使读之者尽而有余，久而更新"。

张华又将作品拿给作家皇甫谧看。皇甫谧赞不绝口，挥笔给《三都赋》写了序言。皇甫谧又让著作郎张载给《三都赋》中的《魏都赋》作注，让中书郎刘逵给《三都赋》中的《蜀都赋》和《吴都赋》作注。连讥讽左思的陆机读完《三都赋》以后，都直接搁置了自己的笔，并表示自己也写不出超过左思的《三都赋》。

在这些文人的极力宣扬和推动之下，《三都赋》流传了起来。

人们竞相传抄，一度让洛阳的纸张变得更加昂贵，甚至出现纸张短缺的现象。这也就是"洛阳纸贵"的由来。

在这种情况下，当事人左思也如愿进入文学圈中，并获得了一席之地，不再是默默无闻的小卒。

【就势论势】

从《三都赋》的诞生来看，左思自身是十分有才华的，只是大家对他存在刻板印象。所以他即使创作出恢宏大作，在刚开始也不被世人认可，甚至众人连看都不看就给出不好的评价。幸亏他找到了另一条路——利用名人效应，也就是通过借势让自己的作品得到了推广，从而名扬天下。

西晋文人们不看好左思写《三都赋》主要是以下两个原因。

第一，大家对左思存在刻板印象。他自幼反应迟钝，哪怕后来他发愤图强，勤奋学习，但众人对他的刻板印象不可能很快改变。

第二，左思在没有任何根基的情况下，放言自己要写《三都赋》，所以他被文人们认为是在说空话。

左思为了使作品传播得更广、被更多人认可，选择了借势。他对自己的才华有信心，所以才敢借用文学圈中的名流进行造势，最终如愿实现了名扬天下，被世人赞为"才子"。

并不是任何一个人都可以通过这种方式成功的，如果自身没有能力还想借由名人之手出名，便不会有好结果。拥有才华才能撑得起梦想，名人的行为更像是锦上添花。

一个人能够获得认可，除了会借势，还应有自身的能力作为支撑。

被 FIBA 官方认证的"关键女王"王思雨，是被人称为有着小身体、大心脏的篮球"女神"。她在正式进入女篮国家队之前，经受了被拒的挫折。

王思雨，出生于山东的普通女孩，从小就对篮球着迷，梦想有一天能够作为篮球运动员进入赛场，为国争光。

小学时因为跑跳能力强，她虽然个头较矮，但仍被选入了少年体校，进行专业的篮球训练。后来，她在上海青年队篮球队员的选拔中，因为身高不足而没有被选上。如果换成其他人，可能直接就放弃了梦想。

但热爱篮球的王思雨没有放弃，甚至比以前更加刻苦地进行训练。机会总是留给有准备的人。王思雨在一次作为替补队员上场的时候，展露了自己精湛的技术和矫捷的身手。

在国家女篮队招募队员的时候，她毫不犹豫地报了名，并成功地用自身实力赢得了入场券。尽管被国家女篮看中，她依然毫不松懈地进行训练，站稳了中国女篮主力后卫的位置，同时在多场比赛中发挥出自身才能，关键时刻不掉链子。

世界上没有一个人可以随随便便成功，在成功之前，他一定积攒了很多的能量，才能有崭露头角的机会。

借势可以很快地提高知名度，但如果自身能力不足，就只会毁掉个人名声。因此，想要获得他人更多的支持，一定要先加强个人的能力和修养。

向贤人借势，堂堂正正地获得成功

每一个人在追求理想的道路上，都会遭遇一些挫折，有些人因为屡屡碰壁，选择自暴自弃，放弃努力，美其名曰"躺平"，这样只会离理想越来越远。

正确的做法应该是借势，而且要向贤者借势，方能快速提升自己的影响力，从而获得成功。

有些人急于求成，或选错了"势"，或采取了一些非正常的手段趋炎附势，这样无异于饮鸩止渴，或许能够迅速进入快车道，但亦有可能导致更大的失败。

孔子云："见贤思齐焉，见不贤而内自省也。"如果真的想要借势成功，就必须选择贤德之人。何谓贤德之人？

贤人者，品德之典范也。其言必信，其行必果，不诡不诈。

贤人者，智慧之代表也。其思必深，其谋必远，不盲从，不轻信。

贤人者，才德兼备，智勇双全。其待人必宽容，对己必严苛。

找对人才能做对事，借势需要区分对象，若能够"求于贤"便可事半功倍，反之则有可能一败涂地。

在《孙子兵法》中，有这样一句话："故善战者，求之于势，不责于人，故能择人而任势。"这句话便强调了借势的重要性，同时也强调了选择的重要性。只有贤人，才是我们要靠拢的方向。

成功需要时间和耐心，不可操之过急，先要不断沉淀自己，拥有足够的才能，再去寻找贵人的帮助，便会水到渠成。贺知章为李白用金龟换酒的故事，便是最好的证明。

金龟换酒

李白是一位极具才华的诗人，被赞誉为"诗仙"，他的诗作具有独特的风格和深厚的内涵。

然而，在李白生活的盛唐时期，有才华的人实在太多太多，特别是长安城里，更是群星闪耀。文人想要从中脱颖而出，只有两条路径：一是通过科举考试，考取功名；二是通过达官贵人的引荐，进入仕途。

李白虽然才华横溢，但他出生于商人之家，不能参加科举考试，故而，摆在他面前的只有一条路，那便是通过贵人的举荐实现人生理想。

为此，李白四处拜访达官贵人，希望得到对方的欣赏。但李白并不知道借势需要"求于贤"的道理。在现实生活中，人们虽然欣赏有才华的人，但更加看重利益关系。这种利益关系并不仅仅是物质利益，它还包括了社会地位、权力、声誉、人际关系等多种因素。单纯的李白哪儿会在意这些？他始终坚信"天生我材必有用"。

李白拜访过不少名流之后终于明白了：许多人并不是不欣赏他的才华，只是更希望双方之间达成某种利益合作关系。他不愿站队，更不愿掺和到任何纷争之中，他只想遇到那个真正欣赏自己才华的贤人。

唐天宝元年（742），李白在紫极宫邂逅了贺知章。

此时的贺知章已经年过八旬，任太子宾客、银青光禄大夫兼正授秘书监。

贺知章很早就读过李白的诗，极为敬慕，早有结识之意，在此意外相遇，令他十分开心："你就是李太白？我很喜欢你的诗。最近有没有什么新作？"

李白立即将新作《蜀道难》递呈至贺知章面前。我们常说，机会就是留给有准备之人的，果不其然，贺知章被这首气势磅礴的神作惊到了。他一边高声吟诵着，一边感叹道："此诗只应天上有，难道你是谪仙？"

李白回应道："贺公您说是，那就是吧。"

贺知章晚年自号"四明狂客"，为人旷达不羁，就喜欢李白这种性格豪放的人。他哈哈大笑起来，二话没说便拉着李白去喝酒。

结账时，尴尬的事情发生了，原来那天贺知章没有想过会在外边吃饭，故而身上并未带钱。于是，贺知章把随身携带的"金龟"取下，用这个抵了酒钱。那"金龟"可不是一般的装饰品，这是唐代官员的身份凭证，可贺知章满不在乎地用它招待李白吃了一顿饭。

看到这一幕，李白非常感动。他知道，自己这一回终于遇到了真正的贵人，对方不仅会诚心帮自己，还会与自己推心置腹。

果然，他俩成为忘年之交。李白也在贺知章的大力举荐之下，受到了唐玄宗的降辇步迎。

【就势论势】

为何"金龟换酒"的故事能传诵千年，成为后世津津乐道的传奇？我们可以从两方面去解读它。我们常说，成功不仅来自实力，还来自运气。在这个故事里，有才华之人终于等到了欣赏自己的伯乐，想必这是任何人都梦寐以求的吧？

然而，我们仔细分析这个故事会发现：李白的才华并不是不被人欣赏，而是没有遇到贤人，在遇见贺知章之前，李白所拜访的权贵多有私心，他们虽然看重李白的才华，但更多的是考虑自己的利益，说白了，就是一种利益交换。

这就是我们要强调借势必须"求于贤"的原因。只有贤人才会真正欣赏品德和才华，也只有与贤人在一起，才能形成正能量的圈子。

纵观古今，真正的贤人少之又少，能够遇见贺知章这样的贤德之人是李白的运气。

无论是在仕途上还是在名声上，李白都成功借助了贺知章对自己的欣赏，一跃而上青云。孔子曰："君子和而不同，小人同而不和。"只有真正的贤人，才会放下个人私利，真心帮助有才能的人。

当今社会，是否有像贺知章这样愿意真心帮扶他人的贤者呢？答案是有，比如"银发知播"群体。

2023年3月4日晚，在央视感动中国2022年度人物颁奖盛典上，集体奖花落"银发知播"群体。这是一个由十三位老院士、老教授、中小学老教师组成的群体，这亦是一群可爱的银发老者。

他们为何能够获此殊荣呢？原来，他们在退休后，发现尽管中国是全世界扫除文盲最成功的国家之一，但中国的人口基数巨大，仍有少部分人对日新月异的社会变化充满陌生与恐惧。

在可爱的"银发知播"老者中，有一位名叫汪品先的海洋地质学家，也是中国科学院的院士。已年过八旬的他每天都会通过短视频为网友普及海洋知识。他的讲解方式通俗易懂、风趣幽默，为无数网友打开了通往深海世界的大门。

对于普通网民来说，"银发知播"群体就如同贺知章一般，是所有人都可以借助的贤人之力。成功固然离不开专业的技能，但同时也离不开高尚的品德，我们在"求于贤"的同时，也需要"学于贤"。

我们在学习知识的同时，还可以学习贤人的行为举止，将之融入自己的行为中；或者主动与贤人交流，认真倾听他们的建议，虚心接受指导；也可以积极参加贤人的讲座，拓宽视野，结识更多的人脉，从中收获更大的能量。

"爱出者爱返，福往者福来。"成功并非一个人的风光，而是使自己成为一束光，不仅点燃自己，还能照亮他人。

向强者借势，要能屈能伸

俗话说："独木不成林。"做任何事情，单打独斗都很难成功。想要成事，就要学会借势，尤其是向强者借势。当然，这里的"强者"不一定非得财力雄厚或位高权重，而是要经验丰富或资源深厚。

庄子在《逍遥游》中讲到了人生的三重境界，其中之一就是"乘风起"，其实也就相当于向强者借势。庄子笔下的那只大鹏鸟就是借着六月的海风，才能扶摇直上，乘风而去。就连《红楼梦》中的薛宝钗都说过，"好风凭借力，送我上青云"。

而想成功地向强者借势，就得拿出能屈能伸的态度。当然，这里的"屈"并非屈服，而是积蓄力量，准备迎接更大的挑战；而"伸"亦非冒进，而是在积蓄力量之后，以更强的姿态去面对困难。屈伸之间，彰显的不仅是智慧，更是勇气。

正如《荀子·不苟》中所云："与时屈伸，柔从若蒲苇，非慑怯也。"意即，随着时势的变迁而能屈能伸，柔弱顺从如蒲席可卷可张，这并不是胆小害怕的表现。老子在《道德经》中也说过"曲则全"，意思是弯曲反而能保全。这些都道出了能屈能伸的重要性。善于能屈能伸地向强者借势，将会让自己在陷入困境时扭转颓势，在一路平坦时所向披靡。

战国时期的燕昭王正因为善于向强者借势，再加上能屈能伸，故能在燕国国力衰弱的情况下，策动五国联军，合力攻破强大的齐国。这正是历史上著名的"弱燕胜强齐"的故事。

弱燕胜强齐

公元前 314 年，燕国内乱，燕王请求齐国援助。而齐国却乘虚而入，进犯燕国。齐军进城后，杀死燕王哙，还大肆烧杀抢掠，无恶不作。愤怒的燕国民众纷纷起来反抗，各诸侯国也准备出兵救燕，齐国这才被迫撤军。随后，姬职继位，即燕昭王。

杀父之仇、掠国之恨，在燕昭王的心中埋下了报仇雪恨的种子。

燕昭王卧薪尝胆，励精图治。他招贤纳士，实行变法，关爱百姓，夙兴夜寐。贫弱的燕国也因此日渐殷实，逐步强大起来。与此同时，齐国一直试图向外扩张。于是燕昭王将计就计，借势而为，派苏秦出使齐国。苏秦表面上是代表燕国与齐国议和，还给齐王献上了五十辆战车的厚礼，以表示燕国对齐国的臣服，甚至承诺会以举国之力去"助齐伐宋"。

可实际上，苏秦的真正使命是作为间谍去"促齐伐宋，弱齐强燕"，以便曲线救国。

苏秦凭借自己的聪明才智，很快就取得了齐王的信任，没多久就被任命为齐相。

当西边的秦王想拉拢齐王，一起并称"东西二帝"时，苏秦设法说服齐湣王拒绝了秦王的提议，并鼓动齐国参与反秦联盟，合纵攻秦，致使秦国一败涂地，而齐国也因此彻底得罪了秦国。不过合纵攻秦的成功，让齐湣王更加信赖苏秦，于是苏秦趁机怂恿齐湣王南下灭宋。

公元前286年，齐国联合楚国、魏国攻打宋国，宋国灭亡。被胜利冲昏头脑的齐湣王渐渐自我膨胀：在内不听大臣的良谏，还予以杀戮；对外则南侵楚国，西侵三晋，欲并二周，想一统天下。但是因为连年用兵征战，齐国已是国力损耗严重，国内民不聊生。这时的齐国显然已内忧外患、四面树敌，陷于孤立的境地。

对燕国来说，这恰恰是天赐的良机。燕昭王很想乘虚而入，进攻齐国。这时智勇双全的大将乐毅进谏说，齐国本为霸主，地大人众，不宜独攻。因此，燕国准备与赵、韩、魏、秦四国结盟。

在结盟过程中，燕国充分展示了能屈能伸的特性。为了得到强大的赵国的支持和帮助，燕国不仅送上了丰厚的礼物，还派遣谋士苏代前往赵国巧妙地游说赵王。这些举动让赵王看到了燕国的诚意和决心，更加相信燕国是可靠的盟友，因此很愿意与燕国合作。另外，燕国还通过与韩国、魏国等诸侯国进行贸易往来和文化交流，加强彼此之间的联系，提升自身的政治影响力和地缘优势。

公元前 284 年，燕昭王起兵，并拜乐毅为上将军统帅五国大军，大举伐齐。早已元气大伤的齐国，根本无力抵御来势汹汹的五国大军。五国大军在短时间内攻下齐国七十余城，直逼齐国都城临淄。自此，齐国一蹶不振。

【就势论势】

从这个波澜壮阔的历史故事中也可以看出，弱燕之所以能够战胜强齐，主要是因为燕昭王懂得向强者借势，并且在借势时还能屈能伸。

首先，燕国巧妙借势于齐国。虽然齐国是燕国的仇敌，但是在燕国弱不敌强时，燕昭王派苏秦出使齐国，表示臣服之意。然后，借助齐国的势力去联络其他各国，形成合纵攻秦之势。这样既可以让齐国和秦国结仇，还能借此削弱这两个强国的势力，以减少它们对燕国的威胁。接着，苏秦又借势怂恿齐国灭宋，进一步削弱齐国的力量。最后，燕国与其他国家结盟。这次结盟借势，使燕昭王憋在心中多年的国仇家恨得报，也让燕国的地位和实力得到了很大的提升。

当然，其他联盟国家也在借势中获得了相应的利益。因此，这是一个双赢或者说多赢的策略。

简而言之，弱小的燕国正是凭借"能屈能伸地向强者借势"的策略，成功地打败了强大的齐国。由此可见，"能屈能伸地向强者借势"本身就是一种大智慧和大勇气。正所谓："大丈夫能屈能伸。"

在现实生活中，如果我们本身弱小，那也完全可以像燕昭王这样，通过能屈能伸地向强者借势，来增强自己的力量，以做成仅凭一己之力尚不能为的大事。

当然，如果说弱者向强者借势是一种智慧和勇气，那么强强联合的彼此借势，又何尝不是一种英明的决策呢？因为强强联合，本身就是向强者借势的另一种表现形式。尤其是在现代商业竞争中，这种彼此借势的强强联合更能让双方通过借助外部力量或资源，来增强自身的竞争力，为企业发展助力。

华为和小米这两大科技巨头，就是这样彼此借势、强强联合的典型。这两家企业在通信领域都有着强大的实力和独特的优势，2023年9月13日，双方达成全球专利交叉许可协议，开启了合作的新征程。

通过这次合作，双方可以共同使用对方的专利技术，从而达到节省研发成本、加速技术创新、促进公司快速发展的目的。此外，作为科技领域的两大巨头，还可以通过合作借用彼此的品牌影响力，极大地提高双方在全球范围内的市场竞争力。

华为和小米的合作也是一种典型的"向强者借势"的策略。双方都放下了竞争思维，主动向对方示好，并且互相借用资源，优势互补，共谋发展大业。

想要做到华为和小米这样强强联合的互相借势，就一定要选对合作伙伴，双方必须互补，还要考虑长期发展的可持续性。另外，在合作过程中，也要注意加强沟通和协作，理顺资源整合的流程。这样才能增强双方的竞争力，达成互利共赢的目的。

当然，在任何领域，我们都要善于运用这种"能屈能伸地向强者借势"的智慧，不管是弱者向强者借势，还是强者之间强强联合的互相借势，都可以让人有势而无往不利。

总之，向强者借势就犹如站在巨人的肩膀上前行，而能屈能伸的态度又能让我们轻松地成功借势。只要掌握了这种借势的智慧，我们就能很容易做成事，甚至做成连自己都意想不到的成名立业之大事。

善于借势，不等于偷奸耍滑

　　每一个人的成功都不是偶然的，他们在寻求成功的道路上必定都付出了无数的努力，但同时他们也懂得"借势"。只懂得埋头苦干的人很可能错过获得成功的机遇。

　　想要取得巨大的成就，努力和借势缺一不可。不能说靠一步一步地打拼不能到达巅峰，但善于借势的人往往比只知道埋头苦干的人更容易，也更快速地成功。

　　善于借势不是投机取巧，它也是一个人能力的体现。只有独具慧眼，才能发现机遇；只有自己做了充足的准备，才能借得起势。"借势谋局，才能逆风翻盘"的意思是要学会借势而上。

北宋大文学家苏洵认为："天下之势有强弱，圣人审其势而应之以权。"意思是天底下的形势都是变幻无常的，但圣人会观察形势，以随机应变去应付形势的发展和变化。

"察势者智，顺势者赢，驭势者独步天下。"由此可见，善于借势的人，不仅能得贵人相助，还能得"天之助"。这就是荀子所谓"天时不如地利，地利不如人和"。

借势是一个人走向成功的不可或缺的能力，但"人和"体现的是一个人的综合实力，它是成功的关键。为什么有的人占尽天时地利，借了天下最大的势，最终还是一败涂地，甚至丢了性命呢？这是因为他为了自己的私利用了奸计，失去了人心。

自古以来，善用奸计者最后都很难善终。历史上因借势而扶摇直上、平步青云的人比比皆是，但因奸计而失势的也不在少数，南宋权臣韩侂胄就是其中之一。

韩侂胄借势谋私得恶果

韩侂胄以恩荫入仕，后一路高升，加封平原郡王，任平章军国事，立班丞相上，执政十三年。这些归功于他会借势。

韩侂胄是南宋名臣韩琦的曾孙，又有外戚身份，是宋宁宗韩后之叔，他把握住了这得天独厚的有利条件。

绍熙五年（1194），宋孝宗病逝，为韩侂胄"立功"提供了一个绝佳的机会。宋光宗因和父亲不和，于是以患病为由，拒绝为宋孝宗主持葬礼，于是韩侂胄与宗室赵汝愚等人密谋发动宫廷政变，拥立皇子赵扩为皇帝，即宋宁宗。

宋宁宗继位后，赵汝愚任右丞相，且以"外戚不可言功"为由，排挤韩侂胄。此后，韩侂胄不仅被右正言黄度弹劾，又先后被朱熹、彭龟年攻击。

但韩侂胄利用枢密院都承旨一职，逐渐获取宋宁宗的信任，开始打击政敌赵汝愚。他拉拢各方势力，让他们成为自己的盟友，从而控制朝廷的监察和弹劾机制。他还通过内批免去了监察御史吴猎的职位，逐渐控制朝堂的言论。

到了庆元元年（1195），韩侂胄提出赵汝愚为宗室，不宜担任宰相。赵汝愚出知福州，又贬放永州，途经衡州时暴死。

当时赵汝愚的支持者多为理学人士，为了清理赵汝愚的"党羽"，韩侂胄指理学为伪学，发动了历史上有名的"庆元党禁"，打击理学人士，焚毁理学经典书籍。

因为一己私利，利用权势发动的"庆元党禁"影响重大，使韩侂胄失去了很多人心，这也成为他后来北伐失败的原因之一。

韩侂胄主政后，干了两件大事：一件是"崇岳贬秦"，一件是重新任用辛弃疾、陆游等一批主战派人士。

岳飞遭秦桧诬陷，以莫须有的罪名遇害后，宋孝宗为其平反昭雪，追谥武穆，但当时并没有清算秦桧的罪行。在韩侂胄的建议下，岳飞被追封为鄂王，且得到了高度褒奖。而秦桧被追夺其王爵，改谥谬丑，即荒谬、丑恶之意。这就是当时影响甚大的"崇岳贬秦"。

韩侂胄又起用辛弃疾、陆游等主战派人士，让很多主战派有了用武之地。在辛弃疾等人的建言下，韩侂胄决定北伐抗金，但因为军事准备不足，最终以失败告终。韩侂胄也被史弥远和杨皇后密谋杀害，函首送至金廷乞和。

【就势论势】

韩侂胄可谓得尽了天时地利，他借得起势，也借得了势。

能以"恩荫入仕"，他已经站在了很多人努力一生都达不到的起点上，而作为皇室外戚，他又拥有了高不可攀的背景支撑。他理应一帆风顺、平步青云。

他的确也做到了抓住机遇。他利用"崇岳贬秦"去迎合民心，为北伐造势，也重新起用辛弃疾、陆游等在朝廷中被排斥的主战派官员，让许多主站派人士重新发挥自身价值。

但是，韩侂胄北伐的目的是想靠北伐的胜利巩固自己的地位，并且为了自己的权位排除异己、控制朝廷，这是民心所背。

韩侂胄凭借得天独厚的背景，成功抓住了机遇，所以他成为宋宁宗的亲信，位极人臣。但他以奸计维护自己的利益，最后被主和派人士谋害，落得"函首传边"的下场。

韩侂胄拥有如此优渥的条件，却因私欲用了奸计，最后不得善终。

借势是顺势而为、借势而上，而不是肆意妄为、偷奸耍滑。

社会是一个体系，每个人的成长、成功都与外部形势的发展息息相关，所以除了自身的努力之外，还需要借势，要因势利导，而不是靠偷奸耍滑、歪门邪道。

那些踏踏实实、坚守初心的人，不仅借得了势，还能独占天时、地利、人和，这会让他从绝处逢生，站在成功之巅。这就不得不提到海尔集团的创始人张瑞敏。

张瑞敏出生在山东莱州的一个普通家庭。高中毕业后，张瑞敏去了青岛建筑五金厂。张瑞敏虽然一开始只是一名普通工人，但因为踏实努力，当上了副厂长。

而张瑞敏人生的关键转折点出现在 1984 年。他被调入青岛家用电器公司，任副总经理。

张瑞敏原本是青岛电冰箱总厂引进国外生产技术的项目负责人，见青岛电冰箱总厂濒临破产，他主动接过了这个烂摊子，出任厂长。上任后，张瑞敏制定了一个发展战略，即名牌战略，他坚持只制造高质量的产品，让海尔成为值得信赖的品牌。

找准定位后，张瑞敏首先开始整顿厂里的风气，制定了十三条新规，并且严格执行。在他的铁腕管理下，一支高素质的团队终于打造了出来。他还四处奔波，引进了德国的技术和设备，使工厂的生产状况逐渐变好，市场份额也不断攀升。

恰在此时，张瑞敏收到一封反映冰箱质量有问题的来信，于是立即派人去仓库检查，最后发现四百多台冰箱中有七十六台不合格。员工们建议，把不合格的冰箱拿给内部员工用，但是张瑞敏认为，如果他今天无视这七十六台问题冰箱，那么明天就会有七百六十台问题冰箱，于是他拿起锤子，砸掉了这些问题冰箱。

张瑞敏砸掉冰箱，砸掉了职工的"侥幸"，唤醒了职工的质量意识。

正是这样的价值取向和管理理念，让海尔进入多元化发展战略阶段，也才有了海尔集团的正式成立。

在成长和发展的过程中，每个人都会面对很多困惑和选择，我们要了解社会趋势，做到顺势而为、借势而上。但努力的同时要不断创新，为自己创造独特的价值，要善于与人合作、联盟，而不是用奸计走歪门邪道，这样才利于自身的良性发展。

人的一生中有很多"逆袭"的机会，除了踏踏实实地让自己羽翼丰满、做好充分准备之外，也要注意观察外界形势，抓住机会借势。借势是一种智慧和战略，借势谋局，才能逆风翻盘，但要始终懂得"用势者贵，用奸者贱"的道理。

第四章

用势不仗势，
德才兼备才能稳步走向成功

善人借势立善功，恶人借势招恶果

势是什么？

势，既指人所拥有的势力，也指事物发展的趋势、自然衍变的态势、不断变幻的局势等。

势是无形、无声的，也是无感、无情的。它不分是非，也不懂善恶。无论是谁，只要有机遇、有能力、有手段，就能将势借为己用。

善人可以借势，恶人也能借势。在势面前，人和人是平等的。没有人会被歧视，也没有谁会受青睐。

势被借用之后，究竟会产生怎样的结果，就全看借势之人的品性了。

或者，简单点儿说，势就像是一把刀，只是工具，这把刀会被怎么用，是成为害人性命、血腥残酷的凶器，还是保家卫国、救人救己的宝刀，全在人的一念之间。

而不同的人在借势后做出不同的选择，自然也会有不同的后果。

恶人心存恶念，借势生恶事，胡作非为，就像用刀伤人，持续作恶，肯定会被无数人厌恶、疏远、仇恨，最后众叛亲离、厄运连连。

善人心存善念，借势成善事，与人为善，就像是用刀救人，自然会备受推崇与爱戴，无论什么时候，无论做什么事，都能事半功倍、顺风顺水。

所以，古人才常说"善恶到头终有报"；所以，北宋名流薛居正才在《势胜学》一书中写道："善人善功，恶人恶绩。善念善存，恶念恶运。以恶敌善，亡焉。"

善人借势立善功，恶人借势招恶果。以恶敌善，哪怕占据再大的优势、再有利的条件，最终也逃不过覆亡的下场。春秋时期的秦穆公和齐懿公便是两个非常典型的例子。

秦穆公善有善报，齐懿公恶有恶报

《史记·秦本纪》中记载，秦穆公即位的第十四年（前646），秦国发生饥荒，于是向晋国请求粮食援助。

晋惠公就跟他的大臣们商议给不给援助。晋惠公的舅舅虢射当时任晋国的卿大夫，此人毫无人性，听闻秦国遭灾，立刻进谗言说："应该趁他们饥荒的时候攻打他们，这可是巨大的功劳啊！"

晋惠公当然也不是什么好人，一听之下大喜：好，就这么办！甥舅俩一拍即合，于是拒绝了秦国的求助，并集结兵马攻打秦国。

秦穆公听到这个消息后大怒，即刻派兵反击。要知道两年前晋国发生旱灾，秦国还送粮食救济过晋国，结果晋国却忘恩负义。

第二年，秦国度过灾荒后，秦穆公亲自率领军队，任命丕豹为将，攻打晋国。九月，秦国军队与晋国军队在韩原进行了激战。

秦穆公带着手下的骑兵追击晋惠公，结果没能捉到，反而被晋军包围。在晋军的攻击下，秦穆公受伤了。

正在危机时，曾经在岐山脚下偷吃过秦穆公良马的三百多个农夫，他们骑着战马奔袭而来，冒着生命危险，冲破晋军的包围圈，救出秦穆公，并活捉了晋惠公。

这三百多个农夫是怎么回事呢？他们为什么要拼死救秦穆公？这就是因为善有善报。

之前，秦穆公的马走失，被岐山下的三百多个农夫捉到并吃掉了。当地的官员听到这事后大吃一惊，立马派人捉拿这三百多个农夫，准备杀了他们。

秦穆公得知后，阻止了官员，说："君子不以畜产害人。吾闻食善马肉不饮酒，伤人。"意思是：君子不能因为一头牲畜而害人。我听说吃了马肉如果不饮酒，对身体不好。

然后，秦穆公赐酒给农夫们喝，并免了他们的罪责。

这三百多个农夫被赦免后，对秦穆公感激涕零，一心想着报恩。听说秦穆公要带领部队攻打晋国，全都请求参军入伍，跟随作战。在战场上，他们发现秦穆公有危险，立刻争先恐后地冲上前去，与晋军展开了殊死搏斗，最终救出了秦穆公。他们个个都奋不顾身，不怕牺牲，就是为了报答秦穆公的恩德。

这一战史称韩原之战，秦军大胜，带着俘虏晋惠公班师回朝。最终，经过谈判，晋国把河西的土地割给秦国，并派太子围到秦国做人质，晋惠公被放回晋国。这时候，秦国的疆土向东扩展到了黄河。

秦穆公施善行，得善报。与他相反的是齐懿公，施恶行，得恶报。

齐懿公荒淫无道，见臣子阎职家的老婆长得美貌，便将她抢入宫中当姬妾，并把阎职贬为车夫。此外，他还有另一个车夫叫邴歜，也是有来历的人。

齐懿公年轻时曾与邴歜的父亲邴原发生过争执，他即位以后想报复邴原，但邴原已死。齐懿公便命人挖了邴原的坟墓，砍断尸体双足，还抢了邴家全部田地，让邴原的儿子邴歜给自己当车夫。

公元前609年的春天，齐懿公出行至申池。

邴歜和阎职一起在申池洗澡。邴歜非常痛恨齐懿公，总想杀了他为父亲报仇，但是一直没有找到能和他一起行动的人。

他知道阎职与齐懿公有夺妻之仇，想和阎职商量这件事，但又不好意思开口。在池中洗澡时，邴歜心生一计，故意用折下来的竹条抽打阎职的头。

阎职生气地说："为什么欺负我？"邴歜笑着说："你妻子被人夺走，你都不生气，打你一下又有什么关系，这都不能忍受吗？"

阎职说："夺妻之仇相比父亲被砍断脚，哪个更严重呢？你连父亲被砍断脚这么大的仇恨都能忍，却责怪我不能忍受夺妻之仇，真是糊涂啊！"

邴歜就说："这就是我的心里话，正想对你说。我以前不说是怕你忘了耻辱。"

"怎么可能忘记！"阎职十分愤怒地说，"我从未忘过，只是遗憾没有能力报仇。"

邴歜便对他说了自己的复仇计划："现在暴君喝醉酒睡在竹林中，真是上天赐给我们的报仇机会！"

于是两人擦干身体，穿好衣服，一起走进竹林中。齐懿公正在竹下熟睡，鼾声如雷，身边有内侍守着。

邴歜对内侍说："主公酒醒后一定会要水喝，你们可以去准备一下。"内侍们便走开去准备水。

阎职和邴歜两人一起动手杀死齐懿公，并砍下他的头颅。两人把尸体藏在竹林深处，又把头扔到了水池里。内侍取水回来后，邴歜对他们说："有个商人杀了国君，先王派我来诛杀他。公子元贤德孝顺，可以立为国君。"内侍们站立一旁都不敢说话。

之后阎职和邴歜两人从容出逃。

这个时候，齐懿公在位才四年。他死后，齐国人怨恨他生前残暴，废掉他儿子，转而迎公子元为国君，称齐惠公。

【就势论势】

孟子说："得道者多助，失道者寡助。寡助之至，亲戚畔之；多助之至，天下顺之。"

秦穆公和齐懿公这两个人，恰好是两个典型。

后者齐懿公寡助之至，仅仅在位四年就被身边的两个随从杀死，就连死后也得背着骂名。

而前者秦穆公多助之至，因马肉之恩而得三百多个农夫舍命相救，从而大胜晋国。他在位三十九年，颇有贤名，使周边十二戎国臣服，秦国疆域扩展了千里有余。后世还给秦穆公立了很多雕像来纪念他。秦穆公为何能得到这么多人的帮助呢？正是因为他心存善念，行善事，得善报。

"善念善存""善人善功"，"恶念恶运""恶人恶绩"，薛公所言极是。而类似的事情，古往今来，更不知道有多少。

"七一勋章"获得者、感动中国 2020 年度人物张桂梅在十八岁时跟随姐姐一起来到云南，自那之后，她就像一棵树，在云南深深扎了根，为无数孩子们遮风挡雨，将孩子们送出大山，帮他们去见世界，去拥抱不一样的人生。

张桂梅本人生活相当节俭，在吃、穿、住上也从不讲究。她的收入，包括工资、奖金，绝大多数被她捐了出去。四十多年来，她捐出的钱将近百万元。

她深入过云南山区，见识过山区的贫困，也知道山区的孩子，尤其是女孩子求学读书的不易。所以，她东奔西走，不断筹资金、跑门路，最后，终于建起了中国第一所全免费的女子高中——丽江华坪女子高级中学（以下简称"华坪女高"）。

在她的帮助下，山区已经有一千六百多个女孩通过读书改变了自己的人生，与此同时，也有更多的女孩在等待着自己的涅槃。

为了华坪女高，为了让女孩们能读上书，能走出去，张桂梅付出了自己全部的精力与心血。即便身患癌症，即便被病痛折磨得直不起腰，她依旧在坚持着、努力着，用自己内心的善良、真诚与坚持去感染别人、帮助别人。

她告诉华坪女高的孩子们："我生来就是高山而非溪流，我欲于群峰之巅俯视平庸的沟壑"。事实上，她也确实活成了一座"高山"、一座活着的"丰碑"，让人既佩服又崇敬。

虽然张桂梅性格比较倔强，做事也有些认死理，但即便如此，人们依旧是爱戴她的。

她一心与人为善，做的从来都是善事，所以，她能借势成事，立善功，得善果，即便经风历雨，也永远屹立不倒。

张桂梅如此，我们所有人也应如此。

只要心怀善念、持身以正，自然能够借势成事、万事顺意；否则，即使成功借到了势，也不过是恶人持屠刀，伤人又害己，最终自食恶果，一败涂地。

宁做无权君子，莫当仗势小人

借势、用势是一门学问。

古往今来，懂得借势、能借势的人有很多，但真正能够通过借势而得势，成就一番丰功伟业的人却不多。

或者，换句话说，借来的势终究是无根之萍、无本之木，飘忽而不牢靠。没有谁能够单凭着借势就立身立业、功成名就。真想有所作为，我们不仅要会借势，还得会用势。

势用好了，自然千好万好；如果用不好，倒不如不借。

不借势，无威权，无禄位，或许会活得默默无闻，但也无波无折，总好过借势逞威而自陷穷途、身败名裂。

用势的方法有许多，比如《孙子兵法》中比较推崇的"因利而制权"，《止学》中强调的"势极无让者疑，位尊弗恭者忌"。

但是，无论用势的方法是什么，其中，最关键、最需注意的一点都是不仗势。

能够得势，能够借到势，固然是好事，然而，势力也好，有利的局势、趋势、形势也罢，终究只是外物，不属于我们，借来的势或早或晚都会消失。自身不够强，没有真材实料，靠着攀附和投机取巧谋来的权势，也终究会湮灭。

所以，无论古今，但凡是有些见识的聪明人，都懂得"借势巧用势，用势不仗势"的道理。

一个人为了达到自己的目标、实现自己的理想而乘风借势，这无可厚非，或者说，是极聪明的做法；但如果靠着借来的势横行霸道、欺负弱小，一朝得志就猖狂，那就大错特错了。

《势胜学》中有云："君子怜弱，不减其德；小人倚强，不增其盛。"端方的君子怜惜弱小，不会让自己的德行减少，更不会像有些人想象中那样失身份、掉价；相反，小人倚靠豪强，仗势欺人，虽然表面上看上去威风凛凛、风光无限，却不可能为自身添半分光彩，更不可能增强自身的气运。更有甚者，如果一不小心嚣张过了头，遭了天下人的厌弃，那么，即便靠山再硬挺，也不会有好下场。

杨慎遗书除奸佞

杨慎是明朝第一才子，是一位有风骨、有气节，以渊博和清正名闻天下的大文豪。

入仕之前，杨慎的人生一帆风顺。他出身簪缨世家，父亲是名闻天下的东阁大学士、首辅杨廷和，可谓家族显赫。

杨慎不仅家世好，还勤奋好学、聪明颖悟、品格端方、博学多才。正德六年（1511），杨慎高中状元，授翰林院修撰。

然而，率性随心的杨慎其实并不适合官场。

有天，明武宗突发奇想，要率众出居庸关游玩。所谓"千金之子，坐不垂堂"，皇帝出关，不仅兴师动众、劳民伤财，而且非常危险，一旦出现意外，就会动摇国本。

听说皇帝要做这样荒唐的事，性格耿直的杨慎立即上了一封奏疏抗谏，毫不留情地把明武宗指责了一顿。

可是，明武宗不在乎，不管群臣说什么，他依旧我行我素。杨慎激愤之下，辞了官。

直到明武宗去世，世宗即位，杨慎才重新回到朝堂。

回朝不到三年，杨慎就因为"大礼议"事件再次和新皇帝闹掰。

什么是"大礼议"呢？简单来说，就是一场关于礼的讨论。明世宗并不是明武宗的儿子，而是堂弟，机缘巧合之下，才继承了大统。

世宗继位后，使礼臣议本生父兴献王的尊号。礼臣迎合帝意，议尊为"皇考"，但兴献王只是宗室，如此不合礼法。

为这，朝中上下吵翻了天，杨慎更是约集两百多人，至宫中静坐抗议。

这一行为把世宗彻底激怒了，他下令逮捕杨慎等人，并加以廷杖，然后充军云南永昌卫。

从有望入阁的青年才俊到边荒戴罪的配军，身份与境遇的巨大差异并没有让杨慎灰心、懊丧。

在云南的三十多年，他虽日子过得苦，却也恬然自适。霜剑风刀没有改变他的志向和秉性，他还是那么忠心耿耿、清正。当然，他也不是一点儿都没变。岁月敛去了他身上过盛的锋芒，让他为人变得更谦和，处事变得更圆融、更富智慧。

面对自己看不惯的事，面对各种奸佞小人，他不再正面硬刚，反而学会了巧妙地借势。

嘉靖三十八年（1559），杨慎在昆明病逝。临终时，他写了一封遗书，交给了负责给他打造棺椁的老木匠，嘱咐老木匠帮自己演一出瞒天过海的好戏。

老木匠明知这么做，一旦被发现，肯定会掉脑袋，但因为敬重杨慎的人品和德行，还是答应了。

事情果然不出杨慎所料，听说他死了，以前嫉妒他、怨恨他的一些小人，还有朝中部分盲目拍世宗马屁的奸佞蜂拥而至。

他们是来悼念的吗？不是！是来找茬的。

在他们的强逼下，杨家人被迫重新开棺，让他们验看杨慎的尸首。

这不看不知道，一看吓一跳——杨慎居然是穿着状元的吉服入殓的！

一个被发配充军的人，死了也得穿囚服，怎么能穿状元的吉服？这是明显的违礼违制！

有这么明显的把柄，奸佞们怎么可能不抓？

事实上，发现杨慎的葬礼违制之后，他们立即上书朝廷，请求严惩杨慎以至杨家。

世宗得到消息，立即派了钦差来调查。可是，等到钦差当众开棺验看，却发现杨慎身上穿的就是囚服，他的葬礼十分俭薄，没有任何违制的地方。

这下，朝廷上下可炸开了锅。

群臣纷纷上书弹劾"诬告"的奸佞，文人士子们也对奸佞口诛笔伐，百姓对此事更是议论纷纷、骂声一片。

眼见着群情激愤，世宗最后也只能严惩了所有"诬告"杨慎的小人，该罢官的罢官，该免职的免职，没有任何包庇和纵容。

【 就势论势 】

不得不说，杨慎是真的很聪明、很有智计，对势和人心的把握极为到位。

朝中的奸佞们是诬告吗？明世宗不知道其中的原委吗？

可是，明世宗不得不处罚这些奸佞。

为什么？因为势。

古时候，人们不轻生，却极重死，讲究死者为大。人死了都要入土为安，无故开人棺椁，已经是十分不敬的行为；开棺之后还二次开棺，肆意诬告，那就更加恶劣，是会犯众怒的。

杨慎也正是知道这一点，才联合老木匠，巧妙地上演了一出瞒天过海的好戏。借用群臣、文人士子和百姓的势，让明世宗只能惩罚这些奸佞。

这就像是狐假虎威的狐狸，平时当然能够仗着老虎的威风横行霸道，让百兽退避；可一旦老虎离开了，狐狸就会立马被打回原形，那些被狐狸欺负过的弱小当然也会来找它报仇。

所以，借势可以，但不能仗势欺人；否则，终究自食恶果。

但是，如果自身品德、能力过硬，即便不借势，也能自有威势，即便无权无财，也能让人真心爱戴，为之效死，就像那个老木匠甘冒大险帮助杨慎。

老木匠为什么义无反顾地帮杨慎？

就是因为杨慎有势而不仗势，是端方君子，怜贫惜弱，纵使自己过得也不太好，仍愿意帮助比自己过得更苦、更困难的人。

比起所谓权势，高尚的品性无疑才是更有力量的，才是真正的强势。

以古为鉴，可知兴替；以人为鉴，可明是非。

我们不难看出：用势不仗势，有势不欺人，无论做什么，都无往而不利；用势而仗势，有势就欺人，不管怎么样，都百害而无一利。

所以，大家平日里借势、用势时，一定要谨记：宁做无权君子，莫当仗势小人。君子坦荡荡，小人长戚戚。君子无权仍逍遥，小人仗势终自毙。

德不配位的人，迟早会失势

俗话说："有多大的碗吃多少的饭，有多大的能力做多少的事。"一个人如果不自量力，勉强去做自己能力范围外的事，只会把一切都弄得一团糟。

德不配位，必有灾殃。如果人的德行、能力配不上自己所占有的资源和自己所处的位置，那么一定会遭遇灾祸。

具体来说，德不配位可以分为以下三种情形。

一是德薄而位尊。

人的品德、修养、气度、器量与他的地位不匹配。

一个身处高位的人，品德不过关，就会以权谋私、收受贿赂、贪污腐败；器量不过关，就会挟私报复、仗势欺人、横行霸道；修养不过关，就会急躁刚愎、不思为民，罔顾民心、民意。

如此，自然会导致怨声载道，迟早会失位、失势。

二是智小而谋大。

人的智慧、见识、眼光、能力和他的野心、欲望不匹配。

这种情况，简单些说，就是典型的眼高手低，"干啥啥不行，吹牛第一名"。

连车都不会开，就想参加赛车比赛；连话都还说不利索，就想去当演说家；连乐理都还没学会，就想写歌谱曲，成为作曲家……诸如此类，总之，就是能力不强，野心很大。

这样的人，在一般情况下，除了在梦里，是不可能成功的。退一万步讲，就算他们暂时成功了，用不了多久也会原形毕露。

三是力小而任重。

顾名思义，就是自身力量很小，却担负过重的责任，这样很可能误人误事，贻误时机，拖累全局。

一般来说，无论是在哪个领域，只要是有一定地位的人，无论是自身能造势，还是有途径借势，肯定是有势的。然而，有势，并不代表就能高枕无忧。身处高位，不代表能力和德行

152

就真的配得上这个位置；如果德不配位，迟早会失位、失势。

北宋名臣薛居正说过："德有失而后势无存也，心有易而后行无善也。"

历数古今中外，因为德不配位而失位、失势，最终身败名裂的人不知凡几。其中，最令人唏嘘的就是大名鼎鼎的"新帝"王莽。

王莽篡汉失大势

王莽，字巨君，公元前 45 年出生于魏郡的元城。他自幼勤勉，博学多才，少年时就以孝顺恭谦闻名乡里。

伯父王凤病重时，王莽不辞劳苦，端汤奉药，衣不解带地侍奉在王凤身边，事事亲力亲为，从不懈怠。

父亲和兄长早逝后，王莽尽心尽力地奉养母亲，照顾寡嫂和侄儿，从未有过任何怨言。

提到王莽，元城百姓就没有不竖大拇指的。

再加上王氏家族是当时权倾朝野的外戚世家，王莽的仕途一直十分平顺，从黄门郎、光禄大夫，再到大司马。

虽然身居高位，王莽并没有嚣张跋扈，反而变得更加谦和、平易近人。

朝廷给他的俸禄很高，但这些钱粮大部分都被他送给了缺衣少食的贫寒士子和贫苦百姓，以至他和他的家人们日常都布衣蔬食，生活异常俭朴。

他生性宽和仁厚，从不仗势欺人、以权谋私，甚至多次为了惠民而牺牲自己的利益。他交游广阔、待人真诚，总能急人之所急、忧人之所忧，为人排忧解难。

他在政事、军务方面也很有能力，独到的见解常常让人眼前一亮。他不拘一格，重用贤才，不管出身如何，只要有能力，都愿意任用。他兢兢业业、勤勤恳恳，常常通宵达旦地处理政务。

他在民间的威望很高，深受皇帝信任，朝中百官大多对他也赞誉有加，很多人都觉得他就是"当世圣人""周公在世"。

正因为如此德高望重，所以他被封为"安汉公"时，是众望所归；他效法周公代理天子朝政的时候，也没有人提出什么异议。

如果一切到此为止，或许王莽真的能够成为西汉的"周公"，与皇帝君臣相得，辅国辅政，流芳百世。

然而，公元8年，王莽篡汉自立，登基称帝，定国号为"新"。

作为开国之君，王莽踌躇满志，想要缔造一番新朝盛世。但让他始料未及的是，"篡汉谋逆"这件事彻底败光了他的信用和人品；再加上他急于求成，坚决改制，激化了国内种种矛盾，导致举国大乱；于是，只过了短短十多年的时间，新朝就像是沙子堆砌的城堡一样，被起义的洪流彻底冲垮。失了民心与大势的王莽也身败名裂，在绿林军攻入长安时被杀。

【就势论势】

一个有德之士必然是要忠君爱国的。文人士大夫们平生最高的理想是经世济民，位列宰辅，匡扶社稷。

这些，王莽其实都做到了。

如果他能见好就收，对刘汉皇室保持尊重，哪怕一直代理天子朝政，也不可能引起那般激烈的反弹。

但是，他没有。他做着西汉的官，享受着西汉王朝赋予的尊荣和权势，却干了篡汉的事。这和吃完饭就砸锅、过了河就拆桥没什么区别，就是典型的不忠不臣。

一开始，王莽能得到民心的原因，除了有显赫的家世加成外，最主要的就是他的德行、学识和风骨得到了人们的认同和赞赏。

但篡汉后，他的德行就败光了。在天下人眼中，王莽一下子就成了忘恩负义的乱臣贼子。过往的种种，也随之成了沽名钓誉的伪装。一个德行败坏的人，名望、声誉都跌落谷底，再想借民心、德望来养势、成事肯定是不可能的。

美国著名学者、投资家查理·芒格曾经说过："要想长久地拥有某样东西，最可靠的办法就是让自己配得上它。"

德能配位，人生处处皆惊喜；德不配位，生活处处有灾殃。

所以，在日常生活、学习、工作中，大家可以借助于势，却不能执着于势，在成功借势后，也不可掉以轻心，要秉持"活到老，学到老"的心态，不断优化和完善自身，提高德行、修养与能力，让自己始终配得上所处的位置。切忌骄狂自傲、忘乎所以，失去危机意识，倚仗权势做一些不正当、不合法、不道德的事情。

如果穷尽心力之后，依旧配不上高位、把控不了局面，急流勇退其实也是个不错的主意。

总之，无论什么时候，我们都要做到德能配位，不然，迟早会跌落云端，失位、失势。

树立威势的最好办法，就是以德服人

古往今来，无论是谁，无论做什么，要想成功、成事，首先要做的就是养望立威。

威，既是令人敬服的威望，也是令人敬畏的威势。

上位者无威，不足以驭下；掌权者无威，不足以怀德。

那么，人该怎样做才能立威呢？

树立威势、建立威严、养势养望的最好办法，应是以德服人。

子曰："为政以德，譬如北辰，居其所，而众星共之。"

凭借仁义和高尚的品德治理国家的人，就像灼灼闪耀的北极星，静处星空之上，自然而然就能占据重要位置，成为中枢，被其他的星星们簇拥、环绕、拱卫。

试看今昔，历朝历代，凡是贤德之君，哪一个身边不是群星闪耀、人才济济？哪一个不是德高望重、一呼百应？

相反，那些失德败德的人，纵使一时得势，到最后哪一个不是众叛亲离、难以善终？

以德服人，服的是人心。人的心服了，才会真诚投效。之后，即便遭遇变乱，投效者也会不离不弃，想方设法与上位者共克时艰。

以威立威、以武服人，则只能让人表面臣服，无法让人归心；如此，但凡遭遇一些变故，上位者的威慑力下降，立刻就会树倒猢狲散；若是威慑太深、欺压太重，让下属由惧生恨，暴起反击，那么，不仅达不到立威养势的目的，还极可能弄巧成拙，威胁到自己的性命。

三国时期蜀国的猛将张飞就是因为不懂得立威的正确方法，一味地以武服人，对下残虐，最后才被部下杀死的。

张飞虐下被反杀

张飞是三国时期蜀汉名将。他性格粗豪，武艺高强，曾经凭着一把丈八蛇矛力战西凉马超，也曾经在长坂坡喝退曹军。

无论是正史还是野史，都极力褒扬张飞的勇武、彪悍、重情重义。

而事实上，张飞并不是对待所有人都情谊深厚，他对待军中的士卒就算不上体恤，甚至相当冷酷、残暴，稍不顺心，就非打即骂。

军中上下很多人对他都心怀怨愤，只是慑于他的武力和权力，敢怒而不敢言。所以，怒气就一直在积聚。

关羽败走麦城后，遇害于临沮。消息传回蜀汉后，刘备、张飞都悲痛欲绝。张飞急不可耐地想要整军，杀向东吴，为关羽报仇。

刘备好说歹说，劝了好久，才将他劝住。但张飞内心的怒火和仇恨没有熄灭，反而变得愈加炽烈。

为了报仇，他下狠劲操练士卒，没日没夜，不分轻重。士卒们但凡有所怠慢、有所不满，就会被他鞭打。

不操练的时候，张飞就喝酒，喝醉了之后更加暴虐。有一次，一个士卒因为给张飞取酒的时间稍微长了些，就被张飞活活打死了。

主帅如此暴虐，士卒们自然人人自危，生怕下一个被打死的就是自己。

这天，张飞一早起来就急匆匆地把部将范疆和张达叫了过来，要求他们赶制出一批白色的盔甲。因为关羽死了，张飞想在战场上为关羽祭奠。

关羽是蜀国的柱石，为人仗义仁厚，他死了，全军缟素也是应当的。对这个任务，范疆、张达并没有抵触。

可问题是，张飞要得太急了。今天刚起了想法，明天就要求办好。无奈，两人只能向张飞诉苦，请求他宽容几天。

没想到，就是这个合情合理的要求触怒了张飞。他不分青红皂白地让人把范疆、张达绑在树上抽了一顿，抽得两人皮开肉绽、鲜血淋漓，差点儿就没了命。

打完之后，张飞还觉得不解气，怒冲冲地放下狠话："如果明天盔甲赶制不出来，我就砍了你们两个的脑袋。"

面对这样无理取闹的张飞，被逼到绝路的范疆和张达觉得唯一的活路就是杀了张飞，离开蜀汉。于是，两人就趁着夜深，张飞喝得烂醉如泥，在帐中酣睡的时候，悄悄潜入帅帐，刺死了张飞，并把他的脑袋砍下来，作为"投名状"，连夜逃跑，投奔了东吴。

【就势论势】

所谓"冰冻三尺，非一日之寒"，但凡张飞平日里对待士卒们不那么苛刻残虐，而是以德服人，也不会有如此下场。

如果是生性仁厚的刘备或者关羽酒后说："完不成任务，明天我就砍了你们的脑袋。"范疆、张达大概不会信，只以为是句玩笑话。可这话是平日里就嗜好杀戮，动辄把人打残、打死的张飞说的，谁还会心怀侥幸？

由此可见，张飞在军中其实还是非常有威势的，只不过，这个"威"，并不是威信、威望，而只是出色的武力和权力带来的威慑、威胁。

兔子急了还咬人呢！真到了事关生死的时候，这种威慑、威胁，根本就靠不住。

张飞的问题，刘备很早之前就看出来了。

他不止一次劝诫过张飞，让张飞改掉酗酒和打人的恶习，对手下的士卒们宽容些、体恤些。

他说："你天天鞭打士卒，又毫不避讳地天天差使士卒，让被打的士卒为你做事，那就是将一个又一个不稳定的炸药桶放在自己身边，是'取祸之道'。"

可惜，张飞听不进刘备的金玉良言，依旧我行我素、不知悔改，以致最后"引燃"了名为范疆、张达的"炸药桶"，落得个惨死的下场。

由此可见，以威立威、以武养望委实不是什么好办法。真正要立威，还是得心怀仁善、以德服人。

唯德彰，则威显。

唯有以宽仁的胸怀、豁达的气度、高尚的品质，润物无声般去润染、感化别人，让别人真心尊重、敬佩、服从，才能真正立威，不必担心人心不古，也不必担心被反噬、被背弃。

牢记三条法则，借势不生风险

　　想要成就大事，能力和机遇都是必不可少的。李白在《上李邕》中写道："大鹏一日同风起，扶摇直上九万里。"就算是鲲鹏想要冲上云霄，也需要借助风势才能实现；一个有抱负的人想要成功，除了自身能力以外，还需要学会借势。

　　成功人士的经验告诉我们：审时度势是一项非常重要的能力。有远见的人在大势到来之前就已经可以预测后续的发展，他们会提前布局，做好准备，迎接下一个风口。能做到领先他人一步的人，就一定可以借助时势，让自己的事业有更好的发展。你一定听过这句话："一头猪在风口，只要风足够大，它就能飞起来。"当红利期到来的时候，即便不懂其中道理的普通人都可以获利，这是时代的红利。但是，当风头过去的时候，若不懂得提前避开，肯定是摔得最惨的那个。这种显而易见的借势，人人都能做到，但是如何在借势的同时避开隐藏的风险，才是成功的关键。

除了时势，还有人势。独木不成林。成功不可能只靠一个人努力就实现，有能力的人往往会借助自身的人脉和社会影响力，来达成目的。但需要注意的一点是：人是多变的。当形势发生变化时，人与人之间的关系也会产生微妙的变化。因此，我们虽然需要借他人的势，但也要讲究方法，避免不必要的祸端。

在启动重要的商业计划的时候，最好不要让格局不够大的人参与进来，因为他们很可能会影响计划的进行。此外，报复心强的人也不适合成为合作伙伴，因为这样的人很容易感情用事，很可能会采取一些激进的做法，不但会影响彼此之间的合作，还会对合作者的口碑造成影响，因此爱惜自己羽毛的人应当远离这样的人。

还有，在投资的时候，不应该把所有的鸡蛋放在一个篮子里；在借助人脉、与人合作的时候，也不应该把成功的希望寄托在一个人身上。多几个备案，多方合作才是更明智的选择。在面对复杂的局势时，更要广结善缘，这样不但能在成功的道路上获得更多助力，也能在危机来临的时候有效避开祸端。

李泌，字长源，北周太师李弼的六世孙。明末思想家王夫之曾经这样评价李泌："制治于未乱，保邦于未危，乃可以为天子之大臣。……李长源当之矣。"李泌活跃在政治舞台上时，其实已经是唐朝由盛转衰的开始，社会十分动荡，祸乱四起，人人自危。正是在这样的环境下，李泌先后辅佐四代君王，成就一番伟业，可谓有着传奇的一生。

唐朝著名的白衣宰相李泌就是一个典型的例子。

唐朝谋略家李泌

李泌，字长源，北周太师李弼的六世孙。明末思想家王夫之曾经这样评价李泌："制治于未乱，保邦于未危，乃可以为天子之大臣。……李长源当之矣。"李泌活跃在政治舞台上时，其实已经是唐朝由盛转衰的开始，社会十分动荡，祸乱四起，人人自危。正是在这样的环境下，李泌先后辅佐四代君王，成就一番伟业，可谓有着传奇的一生。

李泌自幼才华横溢，却对名利看得很淡，做人做事也有自己的一套原则，这种特质在他很小的时候就已经初露端倪。大唐开元十六年（728），李泌奉召入宫，当时玄宗正与唐国公下棋，宰相张说在旁观棋。唐玄宗提出要考教李泌的才学，于是张说出题"动静方圆"。李泌请张说先做个示范，张说于是道："方若棋局，圆若棋子，动若棋生，静若棋死。"

李泌沉思片刻，说道："方若行义，圆若用智，动若骋材，静若得意。"从此，李泌的神童之名响彻长安，但他本人却淡然处之，依旧每日修道。

李泌与宰相张九龄是忘年交。有一次，张九龄无意间提起自己的两个手下："严太苦劲，然萧软美可喜。"这话的意思就是想要放弃为人耿直的严挺之，提拔善于察言观色的萧诚。在一旁玩耍的李泌听到，走过来对他说："你从布衣走到宰相的位置，不正是凭着自己的刚正不阿吗？难道一朝做了高官，就开始喜欢阿谀奉承的平庸之辈了？"张九龄听完这话立刻警醒，再不敢把李泌当作孩童看待，遂称其为"小友"。

李泌凭借自己的才华，在长安城里交了很多有权有势的朋友。而就在众人以为李泌要大展身手的时候，他却选择去游历名山、修仙问道。这是张九龄的建议，他认为李泌年少成名，如果直接走上仕途，并不见得是什么好事，应该韬光养晦，以待其时。纵情山水的李泌依旧与皇室成员保持友好的往来，并在他认为时机已经成熟的时候，通过好友玉真公主把自己的《复明堂九鼎议》呈献给唐玄宗。唐玄宗被李泌的风采折服，让他留在宫中为太子讲学，这就是李泌与唐肃宗深厚情谊的开端。

当时的李泌还有点年轻气盛，因为看不惯权臣杨国忠、安禄山的作风，写诗讽刺，被排挤到湖北做官。经由此事，李泌彻底看清了唐朝官场的混乱腐败，知道自己应该远离这个乱局，于是干脆辞官归隐，继续修道。

天宝十四载（755），安史之乱爆发，唐玄宗仓皇地逃往蜀地，太子李亨登基，即唐肃宗。面对乱局，唐肃宗第一时间想到的就是亦师亦友的李泌，想要直接请他做宰相。李泌却说：我以帝王朋友的身份来做这事，岂不更是荣耀？他只用了四个锦囊，就解决了兵祸，也解开了玄宗与肃宗的皇位归属问题。等到唐肃宗坐稳了皇帝的位置，朝中出现了白衣客卿权逾宰相的流言，李泌立刻请辞归隐。

唐代宗即位后，也立刻邀请李泌辅佐自己。但是在遭遇了宰相元载、常衮的排挤后，李泌认为自己并不适合在代宗一朝做官，于是再次选择归隐。

到了德宗建中四年（783），发生泾原之变，都城一度被叛军占领，德宗皇帝想起了四朝元老李泌。这一次，李泌一改往日作风，正式入朝拜相，以雷霆手段解决了叛军首领。而在局面稳定之后，李泌再次脱了官服，换回白衣，一人一骑入山修道去了。不久后，李泌仙逝的消息传入都城，德宗闻之不禁悲伤落泪。

"请君看取百年事，业就扁舟泛五湖。"这是李泌年轻时写下的诗句，也是他一生的写照，四次入朝为官，四次全身而退。挽救国家于危难，却还能跟帝王保持亦师亦友的友好关系。他才华出众，于家国大义上当仁不让；为人却不拘小节，在日常小事上狂放不羁，甚至偶尔离经叛道。在受到皇帝重用的时候，能够表现得不卑不亢、谦逊有礼；在被权臣排挤的时候，能够选择急流勇退、纵情山水。正是这种进退得宜，让李泌在面对唐朝中晚期复杂的政治局势时，能够做到不被时代洪流裹挟，在保全自身的同时，利用自己的才华和审时度势的能力，辅佐皇帝维持国家的稳定。

【就势论势】

毫无疑问，李泌是一个懂得如何借势的人。他有才华，有高贵的出身，也有足够的眼界和胸襟，这些条件都能够帮助他拓展人脉、积累资源。他能轻易地同当朝权贵甚至是太子成为好友，这便是他可以借势来达成目的的坚实基础。

正是因为有玉真公主这样的朋友，李泌才能用一篇《复明堂九鼎议》再一次进入唐玄宗的视野，得到皇帝的赏识。而正是因为他与当初的太子李亨之间亦师亦友的关系，才能让他以一身白衣与唐肃宗同入同出，没有实际官职却可以做到权逾宰相。

李泌善于借助帝王的信任和赏识开展事业，这是他手中最有利的条件，但是他不会过分依赖这种便利。在意识到官场的环境对自己不利时，他也能毫不留恋地放弃到手的权势，选择归隐山林。入则白衣卿相，出则世外仙人。李泌的处世哲学非常值得我们深思和学习。

人们在面临就业选择的时候，自然会倾向五百强企业或者有稳定基础的大公司，因为这样的企业能够给自己提供一个更高的平台，从而有更好的发展。但同样，因为大公司的内部人际关系更复杂，竞争更激烈，对个人的处事能力要求更高，新人的淘汰率往往也更高。我们虽然可以利用大企业提供的资源，却也不能忽视可能出现的风险。及时预防和规避，才是最好的选择。

社会环境是复杂多变的，只有提高自身的敏感度，及时察觉可能存在的风险，做出恰当的选择，才能够让自己走得更远，保住成功的果实。

第五章

打开智者格局

杜绝借势谋私，无罪无失

　　人与人所处的位置不同，说话的分量、造成的影响，自然也截然不同。

　　换句话说，能在事业上有所成就、获得可观财富的人，定然掌握了势。

　　然而，水无常态，势无常形。势，总是不断流动和变化的。如果人能够及时发现势的变化，不断去顺应、调整，甚至添薪助火，自然能够以势养势，步步登高；相反，如果人不谙势的变化，总以不光明的手段去操控势，那么，即便势再大、位再高，终究难免众叛亲离的下场。

北宋史学家、政治家薛居正就在《势胜学》一书中，对此有所阐述。"奸不主势，讨其罪也。"借势、用势、主势的方法有千千万，却没有一种是"奸"。

奸就是使用奸诈、奸滑的手段，是心性上的不忠不诚，其本质是自私。

公生明，廉生威，奸生贪，贪生懦。纵观古今中外，凡是"以奸主势"的人，最后无不落得身败名裂的下场。相反，那些一心秉公、克制了私心私欲的人，即便不能名垂青史，也能借势、主势，永立不败之地，活得光芒万丈。

譬如，公仪休。

公仪休拒鱼

公仪休是春秋时期鲁国人，自幼勤谦，博学多才，早年间曾做过鲁国的博士，后来因为学识广博受到鲁君的赏识，成为鲁国的相国。

公仪休这个人，平生没什么爱好，就是有些口腹之欲，喜欢美食，用现在的话说，就是正宗的"吃货""老饕"。

他喜欢的吃食不少，最喜欢的就是吃鱼，一日三餐，顿顿少不了鱼。

本来，这也没什么，但公仪休是谁啊？鲁国相国啊！别的不说，在鲁国这一亩三分地上，那是名副其实的位高权重。想要巴结他、讨好他的人不知道有多少。

知道公仪休爱吃鱼后，大家都投其所好，排着队来给公仪休送鱼。但是，素来爱鱼如命的公仪休却一条鱼也没收过。

公仪休的弟子很纳闷，就问他："您不是喜欢鱼吗？有人上门给您送鱼，您为什么不收呢？"

公仪休笑了笑，解释说："正因为我喜欢鱼，所以不能收。如果收了，就再也吃不到鱼了。"

不收鱼，才能吃到鱼；收了鱼，反而吃不到。这是什么道理？

弟子被这话彻底搞蒙了。

见弟子疑惑，公仪休继续解释说："我如果收了鱼，就得看人脸色、给人办事。这样，时间一长，难免会徇私枉法；徇私枉法了，我相国的位置就保不住；没了相位，谁还会给我送鱼？没人给我送，我自己不会捕鱼又没钱买鱼，就吃不到鱼了。相反，如果我不收别人的鱼，就不用看人脸色，不用徇私枉法，能够一直坐稳相国的位置。我是相国，有自己的俸禄，即便没人给我送鱼，我也能自己花钱买鱼，这样，就能一直吃到鱼了。"

听了公仪休的话，弟子这才恍然大悟。

【就势论势】

毫无疑问，公仪休为人清廉，且头脑清醒，他有自己的处世哲学与为官之道。

或者，换句话说，他对自己的位置、自己的根基都有很清晰的认知。

他不收别人送的鱼，就是不想因小利而失主动，因小惠而误大势。

对身为相国的公仪休来说，无论是多稀有、多珍贵的鱼，说到底，也只是鱼，是小利，只要他还在相国的位置上，掌握着属于自己的势，即便别人不送，靠自己也能买到。

诚然，他很喜欢鱼，鱼就是他的心头好，可和自己的前途比起来，鱼又算得了什么？

如果为了一时的口腹之欲，就不顾前途、名声，那才是真正的因小失大、本末倒置。这一点，公仪休看得很透彻，所以，他拒绝了所有人送的鱼。

毕竟，拿人手短，吃人嘴软。只要有了私心，只要受了小利，就难免会徇私枉法，会给竞争对手留下把柄。

公仪休能够成为相国，除了自身颇具才干之外，也因为掌握了势。

只不过，这势却不是恒久的，也不是专属于他一个人的。

朝堂之上，不知多少人都盯着他，等着他犯错，好以此将他推倒，顶替他的位置。

所以，公仪休即便再喜欢鱼，也不会接受，更不可能以权谋私。

因为，唯其如此，他才能占据主动，无罪无失，让人想要攻讦他，都找不到理由。

相反，如果收了鱼，以奸主势，因小利而失大势，有错有罪，枉法徇私，连自己都保全不了，又何谈保权、保位、保势、保利？

公仪休拒鱼，正是明利害，知本末，懂得失，知势且能主势。

而类似的人和事，古往今来，历历可数。

人都有欲望、有喜好，这无可厚非。但这却不能成为我们逾越底线的理由。

而且，仅仅是为了一己私欲，就无所忌惮，以奸主势，以权谋私，最后错失大势，让自己陷入难堪、尴尬，甚至身败名裂的境地，怎么看怎么都是本末倒置，得不偿失。

所以，无论何时，无论身处什么样的境地，我们都该记住：不能因小利而忘大势，要克制自身的私欲，堂堂正正地做人，清清白白地做事，方方正正地主势，如此，才能无罪无失，自我保全，稳扎稳打，站在对自己最有利的位置。

借势但要守拙，以免他人猜忌

　　无论是在生活中，还是在职场上，但凡有些阅历的人都知道，无论什么时候，都不能逞强和越位。

　　尤其是在领导面前，更不能如此。

　　很多人在他人面前逞强，可能并不是想出风头，而是想在大家面前展现自己的才能和特长，让领导看见自己、重视自己。但是，不得不说的是，这种自我展示的方式真的是糟糕透了。

　　领导作为普通人，也会有一些负面的情绪，包括嫉妒和猜疑。逞强、出风头，在领导面前做出不合时宜的事，就很可能会被领导认为是示威，是越位。

早在几千年前，孔子就曾告诫我们"不在其位，不谋其政"。

对于应该由自己负责的事情，请认真思考并付诸行动；而对于不相关或者超出职责范围的事情，请不要过于担忧。尤其需要注意的是，不要过多地替领导考虑问题。如果领导需要做的事情都被你提前完成了，那么领导存在的意义又是什么呢？

作为下属，你可以有才能，也可以展现自己的才能，但展现才能的时候要有分寸，让领导看到你能做好分内的事情。你应该让领导看到你的专业能力和执行力，而不是展示你在领导方面的才能。

过度表现可能会适得其反。如果你表现得过于积极或越权，可能会给领导带来压力，甚至被领导视为威胁。《势胜学》中说"奉上不以势"就是这个道理。

"晚清中兴四大名臣"之一的曾国藩就深谙这个道理，一生守拙，从不越位、逞强、出风头，因此，他十年七迁，官运亨通，直到逝世，都一直备受皇帝的器重。而三国名士杨修却并不懂这个道理，总爱在曹操面前逞强表现，不止一次越位，以致最后落得个身首异处的下场。

杨修越位被杀

杨修，字德祖，是三国名士，出身世代簪缨的豪族弘农杨氏，博学多才，聪慧有见地，早年间在朝中做过郎中，后来，在丞相曹操帐下任主簿。

杨修既聪明又有才华，但或许是家世太过优渥的原因，他缺乏对权力、对领导者的敬畏，骨子里还带着几分桀骜，不懂收敛，经常僭越行事，还不合时宜地卖弄自己的聪明。

曹操曾经在府中建造过一座花园，花园建成后，曹操去里面转了一圈，也没说好，也没说不好，只是在门上题了个"活"字。

其他人都不解其意，杨修却笑了笑，说："门里面加个'活'，不就是'阔'吗？丞相这是嫌弃花园建得太大、门建得太宽了。"

听了杨修的话，负责建造花园的官员将信将疑，但还是找来工匠，把门改小，同时，用围墙将原本占地极广的花园围绕分隔，让它显得更精致、更玲珑。

改好之后，再次请曹操来游园。这次，曹操果然很满意，就问："是谁这么懂我的心意？"大家都说是杨修。

曹操表面上大声赞扬，心里却对杨修起了忌惮。

为了确定继承人，曹操多次出题，考验自己的儿子们。

一次，曹操派几个儿子出城去办事，却提前吩咐守城的官吏，不许放任何人出城。

曹丕在城门前被拦后，迫于无奈，只能返回。曹植本来也想回去，杨修却给他出主意，说："你是奉王命出去办差，有人阻拦，立斩不赦！"

曹植听从了杨修的建议，当机立断，杀了守城吏，顺利出城。

事后，曹操果然对曹植赞赏有加，说他杀伐果断，有魄力。只不过，曹操后来听说曹植的果断并不是自己的本意，而是听从了杨修的建议，心中就十分不满了。

真正让曹操忍无可忍的事情，发生在蜀魏汉中之战的时候。

彼时，曹操已经围困汉中很久。打吧，短时间内打不下来，粮草消耗极多；不打吧，又觉得不甘心。这让曹操很焦心。

这天傍晚，曹操正在大帐中皱着眉头发愁，侍从端进来一碗鸡汤，鸡汤中有一块鸡肋。于是，曹操就顺势把军中夜间巡守的口令定为"鸡肋"。

杨修听到这个口令后，对将士们说："丞相觉得这场战役就像鸡肋，食之无肉，弃之有味，胜又胜不了，退又怕被人耻笑。咱们很快就要撤兵回家了，我得先把行李收拾好，免得到时候忙乱。"

听杨修这么说，将士们都觉得有理，纷纷开始收拾行李。

夜间，曹操巡营时，发现大家都在收拾行李，感到非常奇怪，问清缘故后，忍不住勃然大怒，指责杨修胡言乱语，惑乱军心，下令把他杀了。

一代名士，人生就此落幕。

【就势论势】

事实上，杨修的死确实令人惋惜，但他的死并非无辜。他的死因表面上是误解了鸡肋的含义，扰乱了军心，但实际上，他的死是因为他屡次越界，没有掌握好分寸。

杨修确实非常聪明，能够洞察世事，能看穿曹操心中所想。如果他能够保持低调，收敛自己的光芒，默默地发挥自己的能力，他绝对能成为曹操最信任的谋士。然而，他过于高调、过于张扬，总是直言不讳，不懂得隐藏自己的智慧。

这样的行为，怎么能不让身为领导的曹操感到忌惮呢？

试想想，无论你想什么、做什么，下属都能把你的意图看透，在下属面前，你就像是透明的，这件事多可怕！

别说是生性多疑的曹操，就算是个庸人，那也得闹心啊！

这已经不仅是越位逞强，让领导没面子了，而是威胁到了领导的位置。

领导能做的，你都能做；领导想到的，你都想得到，甚至领导想不到的，你都想到了。那不表明了你比领导有能力吗？

当然，如果仅是如此，曹操或许只会疏远和厌恶杨修，不至于杀了他。真正让曹操起了杀心的，是杨修的势。

不论曹操本人是否想要撤军，但军中士卒只是听了杨修的一番分析，就在曹操没有表露出任何撤退之意的时候开始收拾行李，这说明杨修在军中的威望很高，大家对他都很信服。

这就明显触及曹操的底线了。

他会忍不住担心，如果哪天杨修有反叛之心，自己能控制得住他吗？能稳赢吗？更何况，杨修还不知忌讳地参与了立储之争。曹操自然会担心将来的魏王被他控制，被他耍得团团转。

犯了这么多忌讳的杨修，被杀不是理所当然的吗？

纵观古今，像杨修这样恃才放旷、不知分寸的人很多；但有才且情商高，能够巧妙"奉上"，给领导留下好印象的人，也不少。

比如张廷玉。同样是出身名门、才华横溢，张廷玉却深谙韬光养晦之道，行事一直非常低调，从不在康熙帝面前显摆自己的才能，也不炫耀自己的家世；他为人谦逊圆融、平和内敛，做事尽职尽责却不露锋芒，能干事，能干好事，却不居功、不自傲、不刻意提及，试问：这样的属下，谁会不喜欢？

所以，说到底，有才能、懂借势、会借势从来都不是错的。如果像杨修一样结局凄惨，那肯定是因为没有把势和才用对地方。在领导面前，太"跳"、太僭越了。

事实上，"奉上"的方式有许多，向领导展示才华和能力的方式也有很多，表现得太有势恰恰是最不可取的一种。

无论什么时候，表现得太出挑、太越位、太有势，都不可能让我们在领导心中加分，相反，还会让领导把我们当成威胁，甚至敌人，不断猜忌、排挤。

对待他人要和蔼，莫要借势耍威风

身为领导者，要想稳固自己的地位，最重要的就是得服众。

服众，顾名思义，就是让大家信服、尊重、爱戴。

一个不能服众的领导，哪怕暂时占据了有利的形势，窃夺了高位，最后，也肯定会立身不稳，从云端跌落。

相反，一个得人心、能服众的领导，自身就代表着一种势、一股力量，即便是遭遇狂风骤雨，碰到闪电雷霆，也能借势用势、见招拆招，合众心、聚群力，渡过难关，克服困境，始终屹立不倒。

那么，一个领导者要怎么做才能服众呢？

方法有很多。其中，最简单、最直接的就是恪尽职守、清廉秉公。

北宋名臣薛居正曾经说过："势不凌民，民畏其廉。"只要为官的、做领导的秉公执法、廉洁清正，不仗势欺人，不盛气凌人，不在百姓、群众面前摆出一副高高在上的嘴脸，多了解民情，多做些实事，多为大家谋些福祉，自然能得到大家的信服和爱戴。

世间万事万物都是相互的，你对别人好，别人自然会对你好，尊重你、爱戴你、信任你。你对别人不好，随意欺压，肆意辱骂，常常为了自己的利益罔顾别人的利益，甚至贪污舞弊、徇私枉法，一点儿都不把别人放在心上，那么别人凭什么服你、敬你？

道理很简单，只是很多人都当局者迷，弄不懂，看不明。譬如韦应物。

好在，历经离乱之后，他看清了，弄懂了，也明悟了。

韦应物改过成贤官

韦应物是唐朝闻名遐迩的大诗人，诗才惊艳，我们耳熟能

186

详的《滁州西涧》《东郊》《闻雁》都是他的代表作。

和其他年少成名、才高德显的名士不同，韦应物年轻的时候，其实是名副其实的纨绔子弟。

韦应物出身大唐名门京兆韦氏，这个家族世代为官，声名显赫。他自小就生活优越，即使不识字，也可以尽情饮酒作乐，在长安城中恣意妄为。尤其是他凭借家族的恩荫，成为唐玄宗的近侍后，更是变得狂妄自大、飞扬跋扈。

那个时候，韦应物就是长安城中的"小霸王"，想干什么就干什么，想说什么就说什么，丝毫不在意别人的想法，甚至他曾经多次收留和搭救亡命之徒。

然而，世事变幻，总是无常，就在韦应物最得意的时候，大唐却变了天。

755年冬，安史之乱爆发，长安陷落，唐玄宗仓皇出逃。本来应该跟着一起逃走的韦应物却因为有事被落下了。

失去了靠山，没有了家族庇护，一直活在富贵繁华迷梦中的韦应物一下子就被现实的残酷惊醒了。之后很长的一段时间里，他的日子过得都很苦，颠沛流离，辗转不定，有的时候甚至连饭都吃不上。

也就是在这段时间，他切实感受到了民生的疾苦，也认识到了自己过去的愚蠢和荒唐，所以，痛定思痛，开始发愤图强。他不仅想方设法入了太学，开始读书；在考取功名，顺利入仕后更是急百姓之所急，忧百姓之所忧，清廉秉公，爱民如子。

担任洛阳丞时，韦应物为了维护百姓，毅然惩办肆意扰民的不法军士；在京兆府做功曹时，他不惧洪峰、不畏烈日，亲自前往洪灾一线，与百姓一起守护堤坝；在滁州做刺史时，他常常在田间地头与百姓一起耕作，切实了解百姓的诉求；在江州、苏州担任主官时，他也兢兢业业、公正廉明，从不接受贿赂和请托，一心为百姓谋福祉，甚至离任时，穷得连回乡的钱都没有，只能寄居在寺庙中。

他的平易、他的真心、他的付出，也为他换来了回报。他任职过的地方，百姓们都极爱戴他。时至今日，苏州虎丘的五贤堂中仍旧供奉着韦应物的塑像。由此可见，苏州人对韦应物的评价之高、爱戴之深。

【就势论势】

人是会成长的。骤然遭逢安史之乱的变故而失势，历尽艰辛、饱尝人情冷暖后，韦应物悔悟了，成长了。

他明白了势的力量，懂了人心，通了世故，也真正明白了如何才能聚势、成势，因此，他才能一心为民，最后牧守一方，名垂青史。

如果韦应物没有经历变故，或者经历变故后没有明悟和痛改前非，他的生活可能会非常悲惨。他可能会因为自己的嚣张跋扈而被仇视和忌恨，甚至可能因此遭遇横祸。他也可能会因为自己的无知和放纵而堕落沉沦，误入歧途，最终导致身败名裂，成为人人喊打的过街老鼠。这样的结局对任何人来说都是非常不幸的。

幸运的是，韦应物经历了变故后，选择了改变自己，努力学习，最终成了一位杰出的官员和诗人。

他平易、谦和，不凌民、不横行霸道；他立身以廉、公正无私，不枉法、不贪渎。如此，数十年如一日，怎能不服众，怎能不受人爱戴？

事实上，不独是韦应物，古今中外，凡是以廉成势的人，身上都闪烁着平易、亲民、廉洁、秉公、仁义的光辉。

获得"时代楷模"称号、被追授全国五一劳动奖章的黄文秀，研究生毕业后并未选择留在繁华的大城市，而是毅然回到家乡广西，投身于偏远荒僻的百坭村，担任了第一书记。面对村民们因为她太年轻而产生的不信任，她并未选择辩解，而是以行动证明了自己的决心和担当。

她倾力扶贫，不仅引进了科学的砂糖橘种植技术，还鼓励村民们种植其他经济果木，如八角和枇杷等。此外，她还自筹资金，建立了电商服务站，通过网络平台帮助村民销售产品，提高收入。

在她的引领下，百坭村的许多村民成功脱贫。村民们认识到黄文秀的真心和执着，感激和敬重之情油然而生。

要赢得群众支持，建立良好的声誉是不易的，关键在于是否能够坚定地走群众路线，是否能够为群众分忧解愁，为群众谋福祉。要成为受人尊敬的人，必须深入群众之中，了解群众最真实、迫切的需求，让大家得到好处、实惠。只有这样，才能得到信任和支持。

换句话说，唯有坚定地走群众路线，以民为水，以身为舟，矢志不渝地为民分忧、解愁、谋福祉，才是一个人，尤其是一位领导者，真正成势、用势的关键。

人生有顺逆，得失一念间。没有谁能永远都占据有利的地位，但如果一个人在得势的时候，能够一心为民，不凌民、不欺民，不高高在上，真正融入民众之中，了解民众最真实、迫切的需求，让民众得到好处、实惠，自然能够被尊重、被信任，在任何时候都能得到他人的支持，进而尽可能久地维持住自己的势，让自己立于不败之地。

礼贤有志之士，以诚换诚

俗话说："一木不成林，一花不成春。"无论什么时候，无论什么地方，一个人想要成材、成势、立身、立业，都离不开其他人的辅佐和帮助。

纵观古今中外，但凡有所成就的人，哪个是靠着单打独斗成功的呢？

早在春秋战国时期，一些统治者就已经认识到了人才的重要性，他们极力寻求人才来帮助他们治理国家。到了两宋时期，名臣张孝祥更是把招才揽士的重要性提升到了国家根本的高度,他认为"国之强弱,不在甲兵,不在金谷,独在人才之多少"。

古往今来,领导者都在不断地尝试用各种方式来吸引和留住人才。然而,无论是哪种方式,都无法替代一个"诚"字。正如薛居正在《势胜学》中所言,"势不慢士,士畏其诚"。只有真诚待人,以真心换真心,才是招才揽士的最简单也最有效的方法。

两千多年前,信陵君就是靠着"诚"做到了拥有门客三千。

信陵君纡尊求贤

信陵君,即魏无忌,是战国时期魏国的宗室,魏昭王的儿子,魏安釐王的弟弟,因为封地在信陵,所以被尊称为"信陵君"。

信陵君是"战国四公子"之一,性格宽厚、仁爱,无论是在自己的国家,还是在整个中原地区,信陵君都有着很高的声望。

信陵君生活在战国时期,即使是手握重权的贵族,生活也难免充满波折,时常需要面对各种危机。因此,信陵君从小就养成了居安思危的习惯。他积极招揽和网罗各种贤才,以增强自身的实力,同时也逐渐壮大了魏国的实力。

与其他自视甚高的贵族不同，信陵君在求取人才时，总是表现出极大的诚意。只要听说哪里有人才，他都会毫不犹豫地前去招揽，不在乎对方身处怎样的环境，也不在乎对方的身份、地位。

公元前 257 年前后，信陵君旅居赵国邯郸，听闻邯郸城中有两位品性高洁、才干出众的隐士——毛公与薛公，不由得动了招揽之心。

然而，毛公、薛公都淡泊名利，只求活得肆意逍遥。毛公好赌，觉得小赌怡情，常常出没于赌坊；薛公喜酒，无酒不欢，一天中有大半的时间都混迹于酒肆。

赌坊、酒肆这类地方，三教九流，鱼龙混杂，但凡有些身份的人，大多不愿意涉足。但信陵君却没有避讳和嫌弃。为了求贤揽士，他不仅去了赌坊，进了酒肆，而且没坐马车，没摆排场，只是独自一人步行前往。见到毛公、薛公之后，他始终儒雅谦和、彬彬有礼，没有丝毫倨傲的表现。

为此，毛公、薛公都感动不已。

在当时的社会风气和文化背景下，信陵君的做法被认为是非常谦逊和尊重他人的。他不仅愿意放下自己的尊贵身份，还愿意主动去招揽和网罗各种贤才，这在他那个时代是非常罕见的。这也是为什么"战国四公子"之一的平原君赵胜，在听到这件事后会如此激烈地指责他。平原君认为信陵君的行为是自甘堕落、任性胡闹，是一个"妄人"。

然而，正是信陵君的这种谦逊和尊重他人的态度，收揽门客三千，两次败秦，救赵救魏，名震天下，在当时赢得了广泛的尊重和赞誉。

【就势论势】

所谓"士为知己者死"，向来以诚换诚的信陵君大概就是古代"知己界"的"天花板"了吧。

他仁爱、真诚、谦逊，且不自矜，在求才求贤的过程中，是真的做到了"礼"与"下"。他从不觉得自己高人一等，对待贤士，一向诚心满满，给予了贤士充分的尊重与礼待。

所以，他的身边从来都不乏贤者，慕名投效他的隐士、人才更不知凡几，甚至平原君赵胜门下的门客，后来有近一半都转投了信陵君。

为什么会这样呢？

就是因为信陵君从不慢士，对待有才、有志之士一直都极真诚。

而平原君呢？虽然他也养士，也招揽门客，也求贤，甚至给予了门客非常优厚的待遇，但他骨子里是高傲的，是在意尊卑贵贱的。或者换句话说，他看上去也礼贤下士，但那都是装的，是一种手段。事实上，他本人从来都没有把所谓人才、贤良放在心上，甚至从来都没有把他们放到平等的高度来对待。对待人才、贤士，他的态度其实一直是高高在上的。

别的不说，毛公、薛公的贤名连远在魏国的信陵君都听说过，平原君难道没听说过吗？但他却从未去拜访和招揽。因为毛公、薛公经常混迹于赌坊、酒肆，而这些地方，平原君觉得自己如果去了，就是一种耻辱。

如此鲜明的态度差异，谁是诚心求贤，谁是沽名钓誉，难道还不清楚吗？

这个世界上，没有人傻，别说是贤才能士，就是庸庸碌碌的人，也很容易分辨出别人对自己是真心还是假意。

一个真诚相交的人，无论什么时候，都更有魅力，也更受欢迎。

精诚所至，金石为开。在日常生活、工作、学习中，如果我们能做到"诚"字为先，不怠不惰，以诚换诚，真心付出，那么无论是求才、交友，还是用人、纳士，肯定都能一帆风顺，无往而不利。

借势而上，但不能背弃朋友

人生如船，世事如河。船行河上，有顺有逆。

遇到顺风，船能乘风破浪，一日千里；遇到逆流，船则举步维艰；遇到礁石，船不知不觉就会搁浅。

然而，无论生活境遇如何，无论是顺境还是逆境，无论是悲伤还是喜悦，人生的旅程都是单向的，无法回头。在前行的过程中，船在经历风雨后，会由新变旧。同样，在人生的不同阶段，随着视野、阅历、见识的加深，随着自身处境与地位的变化，我们每个人也都在不停地成长。

有的人，崛起于微末，靠着自己的双手和努力，平步青云，功成名就；有的人，白手起家，靠着敏锐的嗅觉、不俗的眼光，从默默无闻的小人物，一跃成为聚光灯下的巨擘。

人都在变，没有谁是不变的。

人变了，境遇变了，接触的环境、人群和所处的圈子也就变了。

有了新的圈子，进入新的环境，慢慢地，以前的种种就会被忽略、被淡忘，甚至被嫌弃。

丑小鸭在变成白天鹅之前，一直混迹于鸭巢；在变成白天鹅后，学习做一只优雅的天鹅就成了它的生活日常，围绕在它身边的鸭子也越来越少。

当人的身份和所处环境改变时，有些东西自然要跟着变，如眼光、见识、做事的方法、处事的思维等，不变就不足以适应变化；但有些东西，如亲情、友情、良知、品格，却应是恒久的，无论如何，都不该变。如果变了，整个人也就变味了。

所谓"苟富贵，勿相忘"，如果一个人有权有势之后，就背弃朋友、否定过去、忘情忘义，那么，无论他多么有才，都注定走不高、走不远。

薛居正说："势不背友，友畏其情。"重情重义，不忘本、不势利，原本就是一种大势；背义忘本、薄情薄友就像是逆势而行，终究不可能长久。

这一点，早在一千多年前，韩愈就已经用自己的切身经历为我们做了明证。

韩愈富贵不忘旧交

韩愈，字退之，号昌黎，是中唐闻名遐迩的政治家、思想家，"唐宋八大家"之一，名垂青史，德高望重。

和他相比，一生贫病、仕途郁郁，只在诗词上略有成就的张籍似乎黯然失色了许多。

但这样境遇天差地别的两个人却是多年挚友，始终诚心相交，彼此的情谊从未因时移世易、境遇变迁而改变。

两个人相识于贞元十三年（797）前后，那时候，因为孟郊的热情举荐和赞扬，韩愈认识了恰好途经汴州的张籍。

韩愈很欣赏张籍的才华和志气，不仅盛情款待了他，在知道张籍囊中羞涩，无地温习时，还很大气地将自己的馆舍借给了他，让他在馆舍中安心读书备考。

同年，张籍参加会试，韩愈是主考官。按照当时的规矩，会试的主考官就是考生的座师，如此，只比韩愈小两三岁的张籍就成了他的弟子。

一段亦师亦友、富贵不忘的友情佳话也自此展开。

韩愈和张籍志趣相投，彼此欣赏，三观也合，相处起来自然十分愉快。平日里，两人经常一起吟诗作赋，踏青看花。韩愈常常向当时的名家、名宦推荐张籍，张籍对韩愈也很推崇。但推崇归推崇，"眼睛里容不下沙子"的张籍遇到看不惯的地方，还是会毫不留情地批评韩愈，一点儿都不给他留面子。

比如，说他"多尚驳杂无实之说"，说他"或不容人之短，如任私尚胜者"，说他"为博塞之戏，与人竞财"。

什么意思呢？就是说韩愈喜欢假大空的东西，不踏实做学问，争强好胜，有时候不能容人，而且喜欢玩博塞之戏，荒废时光。

这样尖锐、直接的批评，大多数人都是很难接受的，甚至可能好心办坏事，"友谊的小船"说翻就翻了。

但相应的，如果有人愿意这样直率、毫无顾忌地指出你的不足和缺点，不怕得罪你，那么，这个人也肯定是真心与你相交的。

毫无疑问，张籍和韩愈就是这样的真朋友。

被张籍批评后，韩愈并没有气恼，反而很诚心地接受了。

那之后，多年的时间里，两人虽然境遇迥然，但友情却从未褪色。

韩愈晚年，官运亨通，一度做到了吏部侍郎的高位，盛名满天下；张籍却始终不得志，在太常寺太祝的位置上一待就是多年，后来因韩愈的提携，才勉强升迁，做了水部员外郎。

一位身居高位、声名显赫，另一位命运坎坷、生活困顿，按常理来说，他们的人生轨迹早已渐行渐远。然而，韩愈从未因身份显贵而疏远故人，他对张籍始终有着真挚的情感。

【 就势论势 】

《后汉书》中有云："贫贱之知不可忘，糟糠之妻不下堂。"富贵了，发达了，就忘乎所以，不计旧恩，不念旧情，背信弃义，既不是君子所为，也不是智者所为。

确实，韩愈身为吏部侍郎，掌管着官员选拔的大权，而张籍所任的水部员外郎则是一个闲散的职位，两人在地位和权力上有着显著的差距。但那又怎么样呢？"苟富贵，不相忘"才最能体现一个人的人品与德行。

随着地位的提升和财富的积累，一些人往往会抛弃旧友，看不起这个，瞧不起那个。这种行为是忘本，是骄狂。然而，深入思考，这种行为又何尝不是一种自伤与自毁呢？

难道富贵之后，和普通朋友交往就会"掉价"吗？不会！相反，富贵之后，移心变性、薄情背友只能让别人意识到此人不可信、不可交。

而且，退一万步说，人生际遇向来变幻莫测，没有人能永远站在顶峰，也没有谁会一直深陷低谷，起起落落，不过常事。你可以乘风而起，飞黄腾达，有朝一日旧日的朋友也可以。

积水可成川，集腋可成裘。无论什么时候，朋友、亲人都是我们的人脉，是我们本身"势"的一种。朋友多了路好走，人脉广了事易办，拥有的朋友越多，我们也就拥有更多的机会和资源。如果显达富贵了、权势大了，就背弃朋友，这其实是在削弱自己的"势"。

因此，无论何时何地，无论我们拥有怎样的"势"，都不应该轻易地背弃我们的老朋友。

事实上，古往今来，凡有所成的人，在"势不背友"这方面做得都很好。

即便沧海桑田，山川改易，但人心永远思诚，世界永远尚义，坐拥真情和真性，自然无往而不利。

名利富贵、权力威严，即便再珍贵，到底还是求而能得的。

相反，知己良朋在很多时候，都求而不得。所以，人生在世，不能因一时的显达而骄狂，更不能因一时的富贵而蒙眼，要时时谦恭，富贵而不相忘。如此，才能永远凝势聚势，做到心不移、志不动、人不倒。

不抱残守缺，势在开拓创新

人无常胜，势无常形。世间种种，皆瞬息万变，势也一样。

势在变，人如果不变，无论是不想变、不愿变，还是跟不上势的变化，都会被势抛弃。

失去了势，失去了天时、地利、人和，要立身成事、建功显名，自然会遇到重重阻困。

北宋名臣薛居正在《势胜学》一书中强调："不执一端，堪避其险也。"唯有不被成见束缚，不墨守成规、固执己见，才能规避人生路上的种种艰险。

尽管生活中充满了不确定性和挑战，但许多困难和挫折其实是我们自己制造的。很多人正是因为不知变通、不懂转圜，困守于成见，不能与时俱进，所以才会经常让自己处于大势的对立面，逆风逆势而行，给自己的人生增加了难度。

相反，人如果懂得变通，与时俱进，就能及时调整自己的人生规划和方向，永远顺势而为。如此，自然能够乘风进取，成就一番伟业，让自己活得耀眼。

清朝大才子、随园主人、名噪一时的富贵闲人袁枚，就是个极能明势、极懂顺势的人。

袁枚顺势成就随园

袁枚，字子才，号简斋，康熙五十五年（1716）出生于浙江钱塘，是清朝乾隆年间最有名的大文豪之一。

袁枚七岁受业于史玉瓒先生，由于天资聪颖、刻苦好学，于乾隆三年（1738）中举，并于次年考取进士，步入仕途。

他先在翰林院做了三年庶吉士，后又外调做官，辗转于沭阳、江宁等地，政绩一直很好。

眼看着只要通过吏部的考核就能升迁，但袁枚出人意料地辞了官，在江宁买了一座荒僻的旧庄园，改名随园，过起了经商隐居的生活。

袁枚的这种行为，在当时可以说是离经叛道，引起了轩然大波，有人批评，有人嘲讽，也有人艳羡。但不管是被人指责还是受人艳羡，都改变不了一个事实，那就是随园在之后的数十年里被袁枚修筑得非常奢华，这与他经营有道、不断开拓创新息息相关。

随园原本是当时江南最大的园林之一，但几经转手，袁枚买下它的时候，已是杂草横生、雀鼠遍地，荒芜得很。

为此，袁枚不仅花费巨资，重新在院中栽树种竹、修桥建亭，还拆掉了围墙，把私家园林变成了当地著名的景点。

来园子的人多了，就有了人气和口碑，各种周边的产业自然也就跟着火热起来。

美食，当然少不了。随园的美食种类繁多、独具特色。此外，随园里还提供住宿，会不定期地举办名流聚会。如果足够幸运，还能有幸遇到文坛巨匠，与之交流，这种隐形的福利，自然也让不少文人士子趋之若鹜。

如此，原本默默无闻的随园在袁枚的精心经营下，很快就成为人们关注的焦点，不仅为他带来了丰厚的财富，也让他结识了许多重要的人物。

袁枚凭借他的智慧和才能，将随园打造成了一个独特的文化圣地，吸引了大量的文人墨客和社会名流。这些人不仅为随园带来了丰富的文化内涵，也为袁枚提供了广阔的人脉资源。

在这些人的帮助下，袁枚的事业蒸蒸日上，财富也越来越多。他的名声也随之传遍了四海，成了当时的一位风云人物。

【就势论势】

民国才子、著名文学家钱锺书先生在《谈艺录》中，曾经直白不讳地表示过对袁枚的羡慕，说他"盛名之下，占尽韵事，宜同时诸生，由羡生妒，由妒转恨矣"。

那么，袁枚凭什么能活得如此肆意呢?

很简单，因为他有自知之明，因为他能洞察局势，并顺势进取。

虽然他知道仕途的成功才是传统意义上的成功，但他更清楚自己出身寒微，没有显赫家世为倚靠，也不懂蝇营狗苟，应付不了当时清朝官场的阴谋算计、尔虞我诈，很难在仕途上有所成就。所以，他果断地放弃了仕途。

可不做官了，人也得活着，要应对各种人生故事和事故，如此，要活得潇洒，钱和权，一样都不能缺。

那这些怎么获得呢？

谈到这里，我们必须承认袁枚是一个极具才华和智慧的人。他不仅具有前瞻性的眼光，还具备丰富的想象力和灵活的应变能力。他知道如何巧妙地利用形势，实现自己的目标。

在明清时期，商人的社会地位并不高，"士农工商"的排序中，商人位于最后。如果公开地经商，可能会让人觉得俗气，从而受到轻视。所以，袁枚另辟蹊径，修缮随园，在这宁静优雅的环境中阅读、写作、交友、教学，追求简单舒适的生活。

为了宴请宾客，袁枚不仅聘请了当地的名厨，还亲自操刀，编撰了《随园食单》，把随园的美食打造成了一块金字招牌。

袁枚本身就是文坛名流，交游广阔，三五不时地邀请一些文坛名流来随园聚会，吟吟诗，作作赋，交流下文章，探讨下时事，是很简单的事。很快，随园成了文人墨客们欣赏花卉、观赏花灯、品尝美酒、吟咏诗篇的理想之地，名声大噪。

事实上，将袁枚视为榜样的人不知凡几。他不拘泥成见、与时俱进、顺势而为、积极进取的睿智，时至今日依旧为人所津津乐道。

而他的成功、他的逍遥也很直观地告诉我们："树挪死，人挪活"，人这一辈子，无论如何，都不该在一棵树上吊死，平时思想活泛些，遇事别慌，在走投无路的时候，多动动脑子，勇于打破成见、冲破束缚，换个角度、方向去思考、去决断，别太固执、别太偏，人生就时时有惊喜！